新手做
義大利麵
焗烤

Easy Pasta
Gratins Pizza
Appetizer Soup

最 簡 單 、 百 變 的 義 式 料 理

新手做
義大利麵
焗烤

洪嘉妤著

朱雀文化

新手做 義大利麵焗烤

Contents 目錄

Part 1 新手不失敗 簡單義大利麵

Part 2 天熱清涼吃 冷義大利麵

Part 3

嗆辣重口味
經典義大利麵

Part 4

濃厚起司味
焗烤麵和披薩

Part 5

飯前輕鬆吃
小菜和湯

閱讀本書食譜之前

1. 本書中食材的量1小匙＝5c.c.或5g.(克)；1/2小匙＝2.5c.c.或2.5 g.(克)；1大匙＝15c.c.或15g.(克)；1杯＝240c.c.。
2. 每篇食譜都有難易度解釋，「★」最簡單，建議新手從此入門；「★★」難度稍增，烹調時間稍長。
3. 每篇食譜都標明烹調時間，實際情形仍依讀者個人操作習性和熟練度有所差異，僅供參考。
4. 為求視覺上的美觀，食譜照片中食物量可能較材料部分多，讀者製作時仍以食譜中寫的材料量為主。

市售材料

善變的義大利麵條有著各種誘人的顏色和姿態，在開始製作義大利麵料理前，先看看它背後隱藏著什麼樣的特殊風情。此外，了解其他基本材料的用途，再依喜好互相搭配，就能簡單變化出不同的義式風味。

細麵

寬麵

蝴蝶麵

螺旋麵

麵條類

直麵條

最常見的義大利麵條，建議第一次煮麵的人從直麵條入門，易掌握做法且較能呈現麵條真實的風格。直麵條依粗細有多種選擇，接受度最高的是粗細適中、常見的Linguine麵條，口感具彈性，也最容易煮得好吃，直接拌蒜味橄欖油就夠美味。而寬麵條是屬於有咬勁的麵條，適合口味溫和濃郁帶醬汁的菜式。

造型麵條

像蝴蝶麵、貝殼麵、螺旋麵、千層麵、通心粉、車輪麵、筆尖麵、水管麵等，都讓人印象深刻，但是在菜式的搭配上，就沒有傳統直麵條來得簡單容易、隨性。造型麵條多為管狀或有較多縐折，需煮較長的時間才能熟透，時間不好掌握，加上它特殊的形狀會吸附較多的醬汁，搭配的醬汁在濃稠度上也要隨著形狀來調整，才不會口味太重。

筆尖麵

通心粉

貝殼麵

Point

義大利麵有豐富的顏色，都是以天然材料作為調味和調色添加物，像四色麵中的綠色是添加了菠菜汁，紅色是胡蘿蔔汁，黃色是雞蛋的色澤，黑色則是墨魚口味。除墨魚麵外，其餘的口感和味道和原味麵條相近，幾乎都能任意搭配，只要注意料理顏色的搭配即可。

油脂類

橄欖油

是最營養健康的油品，也是義大利料理最基本的材料，味道溫和清香適合各種烹調方式，也可直接用來製作拌醬，依橄欖品種和製作方式分為數種等級，一般選用普通品即可。

奶油

奶油的香味較濃郁，很適合肉類的料理，喜歡口味重一點的可以選擇奶油來取代橄欖油。

鮮奶油

鮮奶油分為動物性和植物性兩種，以做菜來說選擇動物性的較適合，多用於增加料理的香味和濃稠度。

起司、奶製品類

帕馬森起司、高達起司 馬芝瑞拉起司

起司的種類多，依成熟度不同味道和價格也有差異，成熟度越高味道越重價格越昂貴。一般可選擇口味較大眾、價格適中的帕馬森起司、高達起司、馬芝瑞拉起司。帕馬森起司屬於硬質起司，適合切割成不同形狀；高達起司和馬芝瑞拉起司屬於新鮮起司，應用更廣泛，且加熱後不會融化掉（有拉絲的效果），用來做披薩和焗烤類口感絕佳。

帕馬森起司

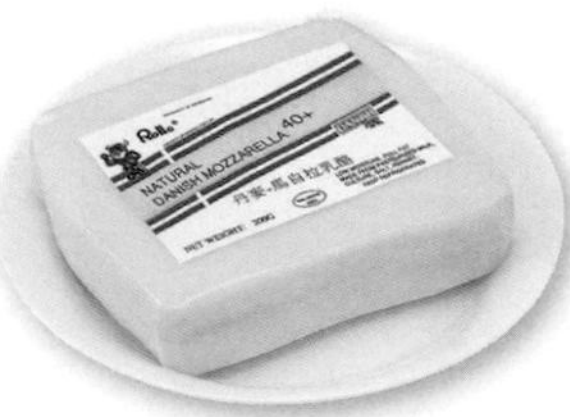

馬芝瑞拉起司

高達起司

披薩起司

現成的披薩起司多由高達起司、馬芝瑞拉起司切絲混合，可直接用來製作披薩和焗烤類料理。

起司粉

除了自己磨起司粉之外，使用現成的罐裝起司粉也很方便，可用於調味或直接撒在菜餚上增添香味。

鮮奶

鮮奶可用來製作濃湯和麵醬，作用和鮮奶油相似，但口感較清爽，如果不喜歡太濃稠的口感，可以適量取代鮮奶油使用。

調味品類

紅酒、白酒

料理上多用作增香、去腥的醃料，紅肉用紅酒醃、白肉用白酒醃，用量很少，若平常沒有喝紅、白酒，買普通價位的即可。

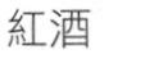

紅酒　白酒

白酒醋　紅酒醋

白酒醋、紅酒醋

義大利酒醋香味很濃、酸味也很重，用法類似一般的醋，剛開始可能不太習慣，不過非常值得嘗試。

TABASCO辣椒醬

TABASCO是西式料理常用的辣椒醬，辣味和香味都夠重，下手時可千萬要輕一點。

蕃茄類

蕃茄糊

蕃茄糊就是濃縮的蕃茄泥，是製作紅醬的基本材料，濃稠度很高顏色也很深，用量不需太多，一般購買小罐裝即可。

蕃茄汁

希望蕃茄味道重一些，但又不想要太稠時可選用蕃茄汁，酸味也比較溫和，不過要注意是否具有甜味再調整調味的比例。

去皮蕃茄

新鮮蕃茄要熬煮到熟爛需要不少時間，直接用去皮蕃茄會更方便省時，稍微熬煮一下味道就很足夠。

市售材料

香料類

九層塔

就是西式料理中的羅勒葉，但台灣品種的辛味較重，甜味較低。它們的用法相同，也能買到乾製的瓶裝羅勒，味道比較柔和。

巴西里

是義式料理中用途最廣的香料，它的味道和蕃茄、起司最搭配，也是製作紅醬的基本材料。

月桂葉

月桂葉味道很重，添加1、2片就很夠味，適合用來燉煮和熬湯，尤其用來燉肉味道最佳。

迷迭香

迷迭香的味道比較刺激，大多用來醃漬材料，尤其最適合醃肉。

義大利香料

義大利香料是由數種香料調配成的綜合香料，味道香甜很大眾化，以乾製的為主。

半成品

披薩餅皮

市售餅皮大多是6吋大小，適合一人份，搭配上喜歡的材料製作披薩非常方便。

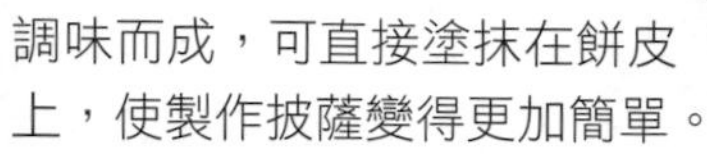

披薩醬

現成的披薩醬是以紅醬再搭配上香料調味而成，可直接塗抹在餅皮上，使製作披薩變得更加簡單。

肉醬罐頭

製作肉醬需耗費不少時間，可直接使用現成的肉醬罐頭，或是再烹調處理過都很方便。

配料類

洋蔥

是義式料理中最常見的材料之一，它能去腥增香，尤其在燉煮後還會釋放出甜味，使菜餚的味道更柔和濃郁。

培根

在製作義大利麵時很好用，可當作主材料，也可作為增香和滑順口感的配料，當主材料時可選擇瘦一點的。

綠橄欖

酸豆

是可以隨性搭配的材料，尤其像蒜香義大利麵這類清炒的菜式，加一點拌一下很有提味的作用。

黑橄欖

黑橄欖、綠橄欖

主要用途在於增添風味，對於主味倒是沒有太大的影響，綠橄欖略帶酸味，黑橄欖則以香味為主。

醬料DIY

有些常用的半成品可以保存長一點的時間，不妨在空閒的時候事先準備起來，密封包裝冷藏保存好後隨時取用都很方便，正式做菜時就可以縮短烹調時間喔！

麵醬

紅醬 5人份

✽ 材料 ✽

中型紅蕃茄2個、洋蔥1/4個

✽ 調味 ✽

橄欖油3大匙、高湯1杯（240c.c.，做法見p.9）、蕃茄汁1/2杯、蕃茄糊1/2杯、巴西里末1小匙、月桂葉1片、黑胡椒1/2小匙、鹽適量

✽ 做法 ✽

1. 蕃茄切小丁；洋蔥切末。
2. 熱鍋倒入橄欖油燒熱，放入洋蔥、蕃茄以小火炒香，放入高湯、蕃茄汁、蕃茄糊、巴西里末、月桂葉攪勻後以中小火熬煮30分鐘，撈出月桂葉，最後加入黑胡椒和鹽調味即成。

Point

紅醬的用途最廣，只要不受污染保存一個星期以上都沒問題，一次可以多做一些，而且味道也會隨著時間更香濃夠味。

白醬 5人份

✽ 材料 ✽

洋蔥1/4個

✽ 調味 ✽

奶油2大匙、麵粉2大匙、動物性鮮奶油1杯、鮮奶1杯、鹽適量

✽ 做法 ✽

1. 洋蔥切末。
2. 熱鍋倒入奶油燒融，放入洋蔥以小火炒香，加入麵粉快速翻炒均勻，分次加入動物性鮮奶油攪勻，再加入鮮奶拌勻後煮開，最後加入鹽調味即成。

Point

白醬的口感很濃稠，用量通常不多，因加了鮮奶最好不要放超過三天，若用不完可以拿來做成濃湯，味道也相當不錯！

醬料DIY

青醬 5人份

✻ 材料 ✻

九層塔葉200g.、大蒜仁2粒、松子1小匙、起司粉2小匙

✻ 調味 ✻

橄欖油300c.c.、白胡椒1/2小匙、鹽適量

✻ 做法 ✻

九層塔葉之外的所有材料先放入果汁機中攪打均勻，再放入九層塔葉打成泥狀即成。

Point

青醬的味道很重，第一次接觸也許還不太習慣，可稍微嘗試。打過的九層塔放久了顏色會變深，因做法簡單，雖也可以先做好，但仍然建議現吃現做較適合。

肉醬 5人份

✻ 材料 ✻

牛絞肉250g.、豬絞肉250g.、洋蔥1/4個、胡蘿蔔1/4個、西洋芹1/2支、罐頭去皮蕃茄4個

✻ 調味 ✻

橄欖油6大匙、高湯1 1/2杯（做法見p.9）、蕃茄糊3大匙、迷迭香1/4小匙、鹽適量

✻ 做法 ✻

1. 洋蔥、胡蘿蔔、西洋芹和去皮蕃茄都切末。
2. 熱鍋倒入橄欖油燒熱，放入洋蔥以小火炒香，放入牛絞肉、豬絞肉翻炒至熟透，再加入去皮蕃茄、胡蘿蔔、西洋芹菜炒30秒，再加入高湯、蕃茄糊、迷迭香攪勻後以中小火熬煮1小時，最後加入鹽調味即成。

Point

製作肉醬要慢工細活才會美味好吃，它的保存期限很長，而且可以直接冷凍保存，只要做好後不要沾到生水，放一個月都不會變壞。

柳橙油醋汁 5人份

✻ 材料 ✻

橄欖油1杯、白酒醋1大匙、柳橙汁1/2杯、巴西里末1/2小匙

✻ 做法 ✻

將所有的材料倒入大鋼盆中，以打蛋器攪打均勻即成。

Point

柳橙油醋汁適合做冷食，可以當作淋醬、拌醬或是浸漬醬來做冷麵、沙拉、開味小菜。柳橙汁也可以替換成蘋果汁、葡萄柚汁、蕃茄汁、葡萄汁，味道各具特色。

調味橄欖油和高湯

蒜味橄欖油

✽ 材料 ✽

大蒜4～5粒、橄欖油1/2杯、密封玻璃瓶1個

✽ 做法 ✽

大蒜去皮洗淨，徹底擦乾水分後放入玻璃瓶中，倒入橄欖油後密封，放置在蔭涼處1個星期以上即成。

辣味橄欖油

✽ 材料 ✽

紅辣椒4～5支、橄欖油1/2杯、密封玻璃瓶1個

✽ 做法 ✽

紅辣椒洗淨，徹底擦乾水分後放入玻璃瓶中，倒入橄欖油後密封，放置在蔭涼處1個星期以上即成。

高湯

✽ 材料 ✽

雞骨架1付、香菜束適量

✽ 做法 ✽

1. 雞骨架洗淨，以滾水汆燙後瀝乾。
2. 香菜束洗淨。
3. 雞骨架和香菜束放入湯鍋中，加入八分滿的水，以中火煮開後改小火續煮約1小時，濾出湯汁即成高湯。

Point

西式的高湯在配方上非常隨性，目的在於善用家裡的現有材料，為料理增添更多的風味，綜合肉類材料剩下的骨頭、蔬菜剩下的皮、莖等，一起熬煮出味道來，就是實用的好高湯。豬骨、雞骨、魚骨都可以使用，單純只有蔬菜也可熬出甘甜的蔬菜高湯。熬煮時間則視材料而定，只要味道充分出來了就可以使用。

基本技巧

乾製過程後的麵條麥香會稍微喪失，但經過正確的水煮後，麵條的口感就能完全恢復，因此，製作義大利麵第一步必須學會的就是「煮好義大利麵」。此外，蕃茄去皮、洋蔥切丁也是基本的技巧，一起來學吧！

煮好義大利麵

✽ 材料 ✽ 義大利麵或造型麵條100g.、水800c.c.、橄欖油些許、鹽些許

✽ 做法 ✽

1 煮義大利麵需要足夠的水，100g.的麵條大約需要800c.c.水才夠，水要煮至滾。

2 水中加一點鹽可以幫助麵條熟度一致，並讓麵條本身略帶鹹味，更可讓顏色鮮豔。

3 加一點橄欖油煮麵可以防止麵條因互相黏住而煮不熟，同時增加麵條的光亮色澤。

4 水滾時放入麵條，放的時候盡量將義大利麵散開，隨即攪拌一下免得麵條黏在鍋底，下麵後火可關小，但要維持小滾的程度。

5 麵煮至顏色看起來略透明，中心還帶有一點白色即可，除非要直接拌醬否則不要煮太熟，撈起來後先泡入冷水中讓麵條定型，降溫後就不會變糊。

6 若要直接烹調，可不要再拌油，但若沒馬上處理，最好再拌一點油，才不會因喪失水分而變乾硬。

Point 煮出好吃義大利麵的時間表

種類	時間
義大利細麵、花邊麵、蝴蝶麵	10分鐘
墨魚寬麵、寬麵	8～10分鐘
千層麵	8分鐘
斜管麵、管麵	7～8分鐘

種類	時間
貝殼麵、車輪麵、螺旋麵	7分鐘
通心麵、S型麵	6分鐘
天使細麵、細扁麵	4～5分鐘

蕃茄去皮

＊材料＊ 蕃茄、水適量

＊做法＊

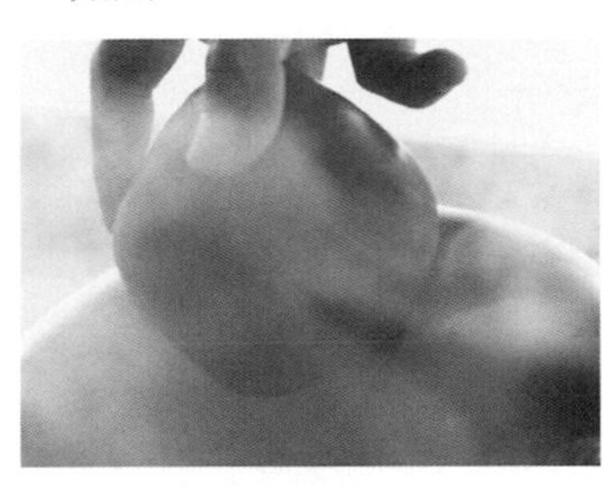

1 蕃茄洗淨、去蒂後直接放入滾開的水中，以小火汆燙。

2 蕃茄會浮在水面，在汆燙的過程中需要不時翻動它，使其均勻受熱。

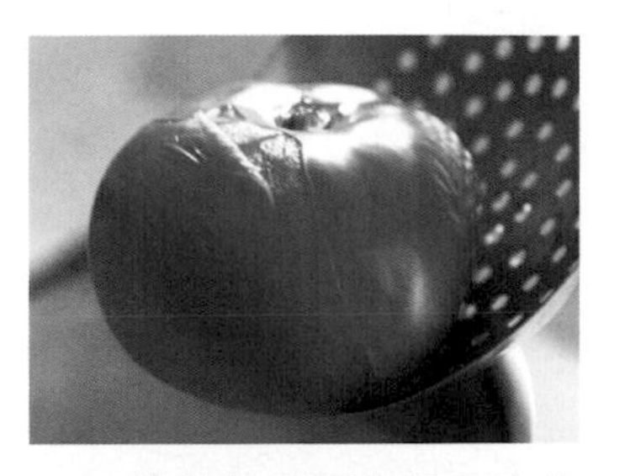

3 當蕃茄表面出現大塊的裂痕後撈出，若汆燙太久果肉也會裂開。

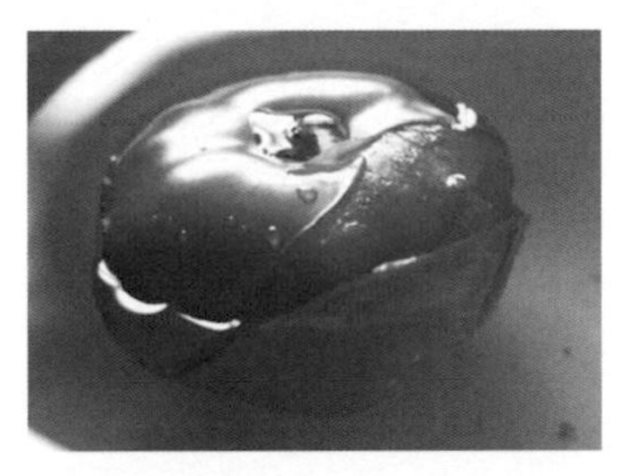

4 撈出蕃茄立即放入冷水裡浸泡，稍微滾動讓整顆蕃茄能均勻降溫。

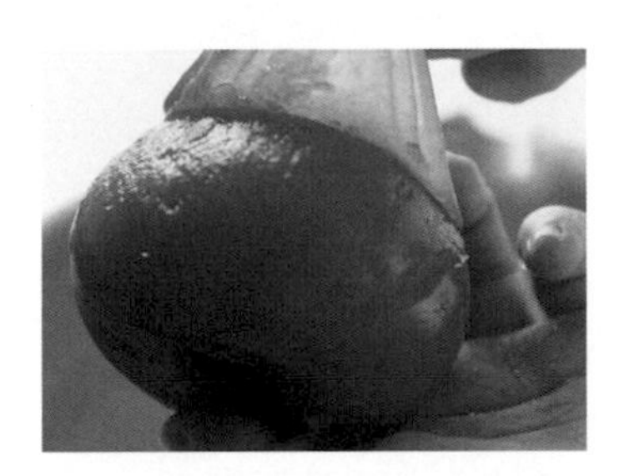

5 不需等到完全降溫，只要大約降溫至不燙手，就可以取出將外皮撕除。

洋蔥切丁

＊材料＊ 洋蔥

＊做法＊

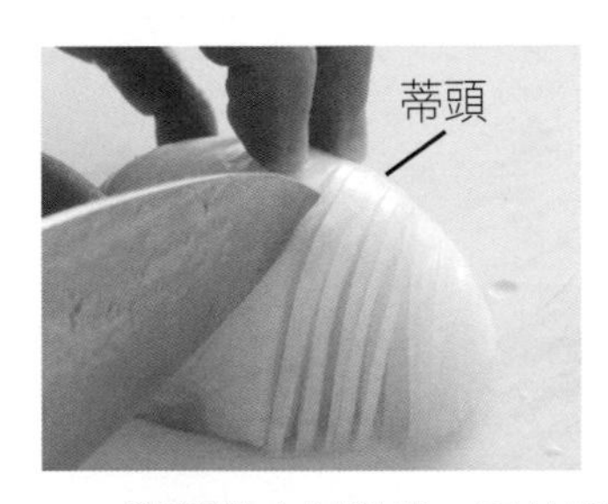

1 洋蔥從中剖對半，平的那面在底部，刀尖如圖筆直往下切，每條刻痕間距要細且均一，靠近蒂頭那端不要切到底，才不會散開。

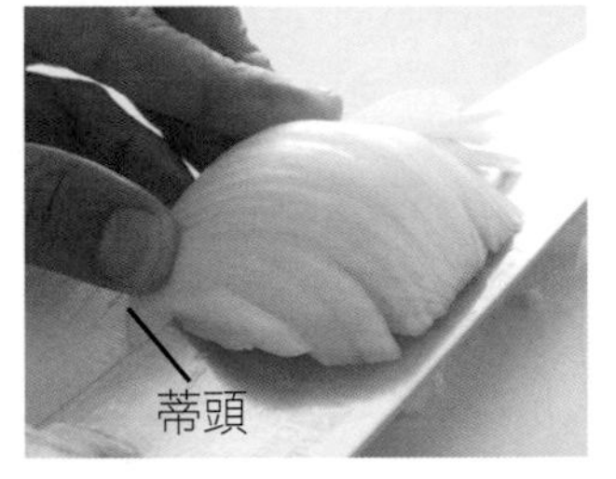

2 將切完直刀的洋蔥往左轉（左手握著洋蔥往左轉），刀尖橫剖切入刻痕，但同樣在剛才的蒂頭處不要切到底。

3 下直刀切到底，每條刀紋的間距相同，即可切出大小相同的洋蔥丁。

Easy Pasta
Gratins
Pizza Appetizer
Soup

Part 1 新手不失敗 簡單義大利麵

對第一次製作義大利麵的人而言，先將配料炒香，
再放入煮熟了的義大利麵拌炒的烹飪方式，是最簡單、容易學會的。
通常只要10分鐘，幾個簡單的步驟
就能完成一盤可口的義大利麵，新手一定要嘗試。

餐廳裡的招牌義大利麵料理，做法意想不到的簡單，你也來試試。

白酒蛤蜊義大利麵

海鮮
★
15分鐘

✽ 材料 ✽

義大利麵120g.、蛤蜊15粒、三色甜椒共40g.、九層塔葉20g.、蒜片2粒

✽ 調味 ✽

橄欖油1大匙、白酒1大匙、高湯2大匙（做法見p.9）、胡椒粉適量、鹽適量

✽ 做法 ✽

1. 義大利麵煮熟，撈出瀝乾水分。
2. 蛤蜊洗淨，泡水吐沙；甜椒去蒂，洗淨切片；九層塔葉洗淨。
3. 熱鍋倒入橄欖油燒熱，加入蒜片和三色甜椒以小火炒香，加入蛤蜊、白酒，以中火炒至蛤蜊殼打開，放入義大利麵拌勻，加入胡椒粉和鹽調味，最後撒上九層塔葉略拌即成。

海鮮口味少不了去腥的香辛材料，所以大蒜是不能少的，小火炒出香氣，別心急才會有好味道。

加入適量的白酒可以增加海鮮的鮮味，加入時盡量均勻的慢慢倒入，同時快速的拌炒，讓蛤蜊均勻受熱才容易打開。

Point

義大利麵的做法常見的有拌炒和加醬直接拌兩種，以直接拌的方式最為省時方便，但是在口味上比較不合東方人喜愛熱食的習慣。這道白酒蛤蜊義大利麵，是以一般較接受的拌炒方式完成；而p.25的田園風味麵，則是用加醬直接拌的方式，做法更簡單省時。

加入了鮮黃雞蛋，這盤義大利麵就如東昇的太陽般耀眼。

日昇培根麵

肉類
★
15分鐘

✻ 材料 ✻

義大利寬麵120g.、培根2片、洋蔥丁20g.、蛋黃1個

✻ 調味 ✻

橄欖油1大匙、白醬2大匙（做法見p.7）、鮮奶油1大匙、鹽適量

✻ 做法 ✻

1. 義大利寬麵煮熟，撈出瀝乾水分；培根切小片；洋蔥切丁法見p.11。
2. 熱鍋倒入橄欖油燒熱，加入洋蔥和培根以小火炒香，加入白醬及鮮奶油慢慢煮勻。
3. 放入義大利寬麵拌勻，加入鹽調味後盛入盤中，中央打入蛋黃即成。

Point

因為是加入了新鮮的蛋黃，所以在麵條和料都烹調完成後才加入，而且要馬上吃完不要過餐。

培根要香嫩就不要炒太久，稍微出油並散出香味就可以，炒越久培根的口感就會越乾。

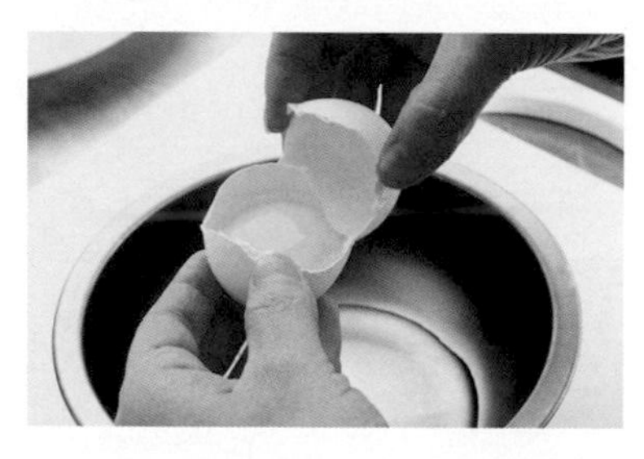

蛋黃只是趁熱拌勻，所以要選擇新鮮的雞蛋製作，取蛋黃時盡量將蛋白濾掉否則會帶有腥味。

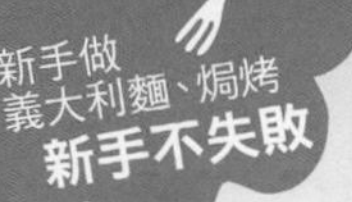

學做義大利麵料理的第一課，等不及讓所有人和我一起分享。

肉醬義大利麵

✻ 材料 ✻

義大利麵120g.、培根1片、洋蔥末4小匙、巴西里末適量

✻ 調味 ✻

橄欖油1大匙、肉醬3大匙（做法見p.8）、鹽適量

✻ 做法 ✻

1. 義大利麵煮熟，撈出瀝乾水分。
2. 培根切末。
3. 熱鍋倒入橄欖油燒熱，加入培根、洋蔥以小火炒軟，放入義大利麵拌勻，加入鹽調味，盛入盤中淋上肉醬，最後撒上巴西里末即成。

Point

製作這道料理購買市售肉醬罐頭更方便，一般肉醬罐頭分成原味、辣味兩種，至少有兩種口味可做變換。亦可參照p.8自己做。

加入道地的義式食材，飄出陣陣濃厚的傳統美味。

臘腸義大利麵

✻ 材料 ✻

義大利麵120g.、臘腸100g.、洋蔥丁20g.、蒜片2粒、綠橄欖2粒、起司粉適量、九層塔葉適量

✻ 調味 ✻

橄欖油1大匙、鹽適量

✻ 做法 ✻

1. 義大利麵煮熟，撈出瀝乾水分。
2. 臘腸、綠橄欖切片。
3. 熱鍋倒入橄欖油燒熱，加入洋蔥、臘腸和蒜片以小火炒香，待臘腸略焦加入綠橄欖略炒，放入義大利麵拌勻，加入鹽調味，最後撒上起司粉，放上九層塔葉即成。

Point

臘腸較一般香腸的味道鹹，而且吃起來較乾澀，這道菜只需將臘腸切成薄片加入即可，避免太鹹。

彎彎曲曲的S形義大利麵，品嘗的同時讓料理更添趣味。

辣香油義大利麵

＊材料＊

S形麵120g.、培根1片、蒜片2粒、紅辣椒1支

＊調味＊

辣味橄欖油1大匙（做法見p.9）、高湯2大匙（做法見p.9）、鹽適量

＊做法＊

1. S形麵煮熟，瀝乾水分。
2. 培根切小片；紅辣椒去蒂，洗淨切片。
3. 熱鍋倒入辣味橄欖油燒熱，加入培根、蒜片、紅辣椒小火炒香，加入高湯、S形麵拌勻，最後加入鹽調味即成。

Point

一般人通常以為橄欖油只有原味，其實在外國許多人更在橄欖油中添加香料，製成香料橄欖油，更加豐富許多料裡的口味。可參見本書p.9的做法。

濃厚的大蒜味，誰說義大利麵和大蒜不是絕配？

蒜香義大利麵

✻ 材料 ✻

天使髮麵120g.、蒜片4粒、紅辣椒1支、巴西里末4小匙、起司粉適量

✻ 調味 ✻

蒜味橄欖油1大匙（做法見p.9）、高湯2大匙（做法見p.9）、鹽適量

✻ 做法 ✻

1. 天使髮麵煮熟，撈出瀝乾水分。
2. 紅辣椒去蒂，洗淨切末。
3. 熱鍋倒入橄欖油燒熱，加入蒜片和辣椒以小火炒香，加入高湯、天使髮麵和巴西里拌勻煮30秒鐘，加入鹽調味，最後撒上起司粉即成。

Point

這道料理沒有加入過多其他的食材，僅以蒜味橄欖油來烹調，再加入些許巴西里，使這道麵更吃得出香氣。

酸甜的紅醬，豐盛的海鮮料理，準備可口的一餐犒賞自己。

海鮮蕃茄義大利麵

＊材料＊

天使髮麵120g.、蝦仁3隻、墨魚80g.、蛤蜊6粒、蟹腳肉40g.、小型紅蕃茄3個、洋蔥丁20g.、九層塔葉適量

＊調味＊

橄欖油1大匙、白酒2大匙、紅醬1大匙（做法見p.7）、胡椒粉1/4小匙、鹽適量、檸檬汁少許

＊做法＊

1. 天使髮麵煮熟，撈出瀝乾水分。
2. 蟹腳肉、蛤蜊、蝦仁、九層塔葉洗淨，墨魚洗淨，切小片；蕃茄去蒂洗淨，切塊。
3. 熱鍋倒入橄欖油燒熱，加入洋蔥以小火炒軟，放入所有海鮮材料和蕃茄炒熟，依序加入白酒、紅醬、胡椒粉和鹽翻炒至入味，加入麵條略炒，淋上少許檸檬汁，最後撒入九層塔葉拌勻即成。

Point

新鮮蕃茄或罐頭脫皮蕃茄各有不同的風味，新鮮蕃茄酸味較重，如果喜歡甜一點的口味可以先煮過，或搭配洋蔥、糖引出蕃茄本身的甜味；不同品牌的罐頭脫皮蕃茄酸味和甜味比例會有差異，可多嘗試再選擇。

烹調成如餅般的通心粉，加入彩色的蔬菜更挑起食慾。

香煎通心粉

✻ 材料 ✻

通心粉70g.、三色蔬菜70g.、雞蛋1個、起司粉適量

✻ 調味 ✻

橄欖油適量、麵粉3大匙、鮮奶7大匙、白酒1/2小匙、胡椒粉1/4小匙、鹽適量

✻ 做法 ✻

1. 通心粉煮熟，撈出瀝乾水分。
2. 通心粉中加入三色蔬菜、雞蛋和橄欖油以外的所有調味料，拌勻成麵糊狀。
3. 熱鍋倒入橄欖油燒熱，倒入調好的麵糊以中小火煎熟，最後撒上起司粉。

Point

麵糊中加入白酒可增添香氣，如家中沒有，不加入亦可。

以蔬菜為主材料的義大利麵，獻給所有蔬食美食的愛好者。

蔬菜義大利麵

＊材料＊

筆尖麵120g.、洋蔥1/4個、胡蘿蔔50g.、紅、黃甜椒共60g.、西洋芹50g.、培根1片、巴西里末適量、九層塔葉適量

＊調味＊

橄欖油1大匙、紅醬2大匙（做法見p.7）、鮮奶油2大匙、胡椒粉1/4小匙、鹽適量

＊做法＊

1. 筆尖麵煮熟，撈出瀝乾水分。
2. 洋蔥、胡蘿蔔去皮切粗條；甜椒去蒂，洗淨，切粗條；西洋芹、洗淨切段；培根切小片。
3. 熱鍋倒入橄欖油燒熱，加入培根、洋蔥以小火炒軟，放入所有蔬菜料和紅醬、鮮奶油略炒數下，待熟放入筆尖麵拌勻，加入胡椒粉、鹽調味，撒上巴西里末，放上九層塔葉即成。

Point

洋蔥、胡蘿蔔和西洋芹這幾種蔬菜料經烹調後會釋出天然的甜味，讓這道料理在紅醬的調味後，仍有多種層次口味。

看到這盤顏色柔和的義大利麵，彷彿置身鄉村小餐廳的午後。

田園風味麵

✻ 材料 ✻

螺旋麵120g.、火腿70g.、青豆50g.、洋蔥丁20g.

✻ 調味 ✻

橄欖油1大匙、白醬4大匙（做法見p.7）、鮮奶5大匙、胡椒粉1/4小匙、鹽適量

✻ 做法 ✻

1. 螺旋麵煮熟，撈出瀝乾水分，盛入盤中。
2. 火腿切丁；青豆洗淨。
3. 熱鍋倒入橄欖油燒熱，加入洋蔥以小火炒香，放入火腿和青豆、白醬和鮮奶以小火略煮，入味熟透後加入胡椒粉、鹽調味，盛出淋在螺旋麵上即成。

Point

這道料理是先將麵煮好放在盤中，再把煮好的醬汁和料直接拌在麵裡，做法更簡單省時，美味也一點不扣分。

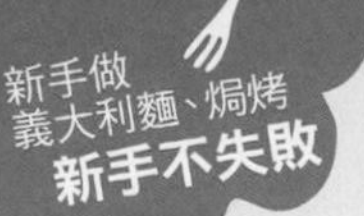

人氣必點

義大利麵不再只有雞蛋和麵粉味，黑色的墨魚麵讓你嘗到更多的驚奇。

白酒海鮮墨魚麵

Point
西方人喜歡用羅勒搭配義大利麵，羅勒和九層塔香氣略有不同，品種也有異，因在台灣較容易買到九層塔，因此使用的機率較高，在地的風味更不輸羅勒。

✻ 材料 ✻

墨魚麵120g.、墨魚80g.、鮮蝦3隻、紅、黃甜椒共30g.、洋蔥丁20g.、九層塔葉適量

✻ 調味 ✻

橄欖油1大匙、白酒1小匙、高湯2大匙（做法見p.9）、胡椒粉1/4小匙、鹽適量

✻ ✻

1. 墨魚麵煮熟，撈出瀝乾水分。
2. 墨魚洗淨，切圈狀；鮮蝦洗淨，去腸泥；甜椒類去蒂，切丁。
3. 熱鍋倒入橄欖油燒熱，加入洋蔥以小火炒軟，加入甜椒、墨魚、鮮蝦和白酒以中火炒熟，再加入高湯和墨魚麵略煮，湯汁收乾後加入胡椒粉、鹽調味，最後撒上九層塔葉拌勻即成。

加入了味道較重的帕馬森起司粉，更吸引喜歡吃起司的人來品嘗。

起司巴西里義大利麵

蔬果
★
10分鐘

✻ 材料 ✻

三色義大利麵120g.、巴西里末2大匙、帕馬森起司粉適量、九層塔葉適量

✻ 調味 ✻

奶油1大匙、鹽適量

✻ 做法 ✻

1. 義大利麵煮熟，撈出瀝乾水分。
2. 熱鍋放入奶油燒融，加入巴西里末以小火炒香，放入三色義大利麵拌勻，再加入鹽調味，熄火撒上帕馬森起司粉拌勻，放上九層塔葉即成。

Point

這道麵中的帕馬森起司粉是在最後才加入，可增加香氣。但若很喜歡吃起司，適合在烹調時加入，更能吃到濃滑的口感。

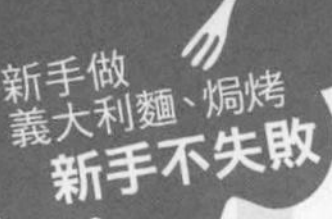

喜愛重口味歐風料理的人，絕不能錯過這道最傳統的義大利麵。

青醬義大利麵

✻ 材料 ✻

車輪麵120g.、洋蔥丁20g.

✻ 調味 ✻

橄欖油1大匙、青醬2大匙（做法見p.8）、鹽適量

✻ 做法 ✻

1. 車輪麵煮熟，撈出瀝乾水分。
2. 熱鍋倒入橄欖油燒熱，加入洋蔥以小火炒軟，加入青醬和車輪麵拌勻，最後加入鹽調味即成。

Point
因青醬的口味已偏重，所以最後加入的調味鹽份量不需過多。

利用不同鮮菇烹調而成的義大利麵，猜猜看今天會吃到什麼驚奇？

什錦菇義大利麵

✻ 材料 ✻

義大利麵120g.、鮮菇3種各40g.、紅辣椒1支、培根1片、洋蔥末4小匙、巴西里末適量

✻ 調味 ✻

橄欖油2大匙、黑胡椒1/2小匙、鹽適量

✻ 做法 ✻

1. 義大利麵煮熟，撈出瀝乾水分。
2. 鮮菇洗淨，切塊；紅辣椒去蒂，切片；培根切片。
3. 熱鍋倒入橄欖油燒熱，加入洋蔥、培根和紅辣椒以小火炒香，加入鮮菇和巴西里末炒熟，放入義大利麵拌勻，最後加入黑胡椒和鹽調味即成。

Point

這道麵中加入的鮮菇，以當季能買到的新鮮菇類為最佳，當季食材更能使料理的美味發揮到極致。

童話故事中的南瓜馬車今天有更重要的任務了，
變身這道義大利麵的主角。

南瓜醬義大利麵

✻ 材料 ✻

三色圓形麵120g.、南瓜200g.、洋蔥丁20g.

✻ 調味 ✻

高湯1/3杯（做法見p.9）、橄欖油1大匙、鮮奶油2大匙、鹽適量

✻ 做法 ✻

1. 三色圓形麵煮熟，撈出瀝乾水分。
2. 南瓜洗淨，一半切丁，另一半去皮後和高湯，放入果汁中打成南瓜泥。
3. 熱鍋倒入橄欖油燒熱，加入洋蔥以小火炒軟，放入南瓜丁炒熟，加入南瓜泥和三色圓形麵煮勻，再加入鹽調味即成。

Point
西式料理中使用的量杯，多指一杯240 c.c.份量的而言。

創意新吃

真令人不敢相信？義大利麵也能做成湯料理，今天大飽口福了！

什錦湯麵

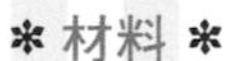

＊材料＊

筆尖麵120g.、豬肉絲50g.、洋蔥20g.、胡蘿蔔40g.、西洋芹40g.、玉米筍3支

＊調味＊

橄欖油1大匙、高湯1杯（做法見p.9）、胡椒粉1/4小匙、鹽適量

＊做法＊

1. 筆尖麵煮熟，撈出瀝乾水分。
2. 洋蔥切絲；胡蘿蔔去皮，切絲；芹菜洗淨切細條；玉米筍洗淨，對半切開。
3. 熱鍋倒入橄欖油燒熱，加入洋蔥以小火炒軟，加入胡蘿蔔、肉絲，炒至半熟時放入西洋芹、玉米筍和高湯以中小火煮開，加入筆尖麵略煮，最後以胡椒粉、鹽調味即成。

Point

西洋芹、玉米筍若久煮容易變色老掉且口味盡失，建議在肉絲炒至半熟後再加入，可保留住食材的鮮美。

Easy Pasta
Gratins
Pizza Appetizer
Soup

炎熱的夏天想吃義大利麵怎麼辦？
汁多濃厚的肉醬、白醬口味麵料理無法引起食慾，
這時利用油醋、調味橄欖油、檸檬汁調配的醬汁，
正好派上用場，酸辣味醬汁，讓你夏天清涼吃。

Part 2 天熱清涼吃

冷義大利麵

培根加上簡單蔬菜，就能呈現出義大利麵最經典的風味。

培根蔬菜義大利麵

肉類
★
10分鐘

✻ 材料 ✻

筆尖麵100g.、培根3片、西洋芹50g.、牛蕃茄1/2顆、橘甜椒50 g.、巴西里末少許

✻ 調味 ✻

橄欖油1大匙、鹽適量、高湯4大匙（做法見p.9）

✻ 做法 ✻

1. 筆尖麵煮熟，撈出立即泡入大量冷開水中，浸泡至冷卻後撈出瀝乾水分，盛入盤中。
2. 培根切片；西洋芹洗淨，撕除老筋後切斜片；牛蕃茄、橘甜椒均去蒂，洗淨切片。
3. 熱鍋倒入橄欖油燒熱，加入培根片和蕃茄炒至半熟，接著放入甜椒和西洋芹，略炒至軟化後撒入巴西里末拌勻並加入高湯，加入鹽調味後盛出均勻淋在筆尖麵上拌勻即成。

冷麵所用的義大利麵因為不經過二次加熱烹調，所以可以煮到剛好的熟度，撈出之後盡快浸泡在足夠的冷開水中，快速的降溫與漂洗，可以增加麵條的爽口度與彈性。

熱醬遇到冷麵溫度會很快的下降，趁著餘溫將醬和麵拌勻，再慢慢的食用是最美味的吃法。

Point

熱醬、冷麵的組合讓口味的變化更多元，可以更隨性的搭配肉類和海鮮材料，不用擔心味道過於單調或是材料生食的衛生問題。

茹類與新鮮香草的香氣，讓冷麵也能令人垂涎，欲罷不能。

什菇胡椒義大利麵

蔬果
★
15分鐘

＊材料＊

義大利細麵100g.、蘑菇4朵、新鮮香菇2朵、鴻禧菇適量、新鮮百里香6支

＊調味＊

橄欖油4大匙、黑胡椒1/3小匙、鹽適量

＊做法＊

1. 三種菇類切除較硬的蒂後以沾濕的廚房紙巾稍微擦拭乾淨，切片或撕成小朵，放入乾鍋中以小火慢煎至散出香氣，盛出放入深碗中。
2. 新鮮百里香洗淨，甩乾水分後取下葉片放入菇碗中，再加入橄欖油、黑胡椒和鹽拌勻，靜置5～10分鐘至入味，即成料。
3. 義大利細麵煮熟，撈出瀝乾水分，盛入盤中，加入料中拌勻即成。

Point

做法2可放入冰箱冷藏備用，當天內皆可使用，拌麵時油汁可依個人喜好隨意取適量。新鮮的百里香可以在百貨公司超市購買，平日去花市、園藝店直接購買盆栽隨時備用會更方便，買回來最好放幾天再使用，以免有殘留的農藥。如果使用瓶裝乾燥的百里香，味道沒有新鮮的濃郁，用量大約需要1/2小匙才足夠。

菇類材料是香味很濃郁的材料，為了讓香味能盡量釋放到醬汁中，乾煎是最好的處理方式，小火慢煎到聞得到明顯的香味就可以起鍋。

為了不讓其他材料搶過菇的香氣，最好搭配清香系的調味料和香料，能增加鮮味的胡椒和百里香就是首選。拌的時候要注意讓所有材料均勻的沾上橄欖油，味道才能融合的好，同時因為油的包覆隔絕了空氣，百里香葉就能維持鮮綠不氧化變色。

油漬的醬料需要浸泡一段時間才能入味，大約10分鐘到半個小時的時間，當醬汁顏色變得較深就完成了。

異國風味冷義大利麵，促進食慾有一套。

檸檬香菜醬義大利麵

✻ 材料 ✻

義大利麵100g.、香菜葉20g.、檸檬皮適量

✻ 調味 ✻

橄欖油1大匙、檸檬汁3大匙、胡椒粉1/2小匙、鹽適量

✻ 做法 ✻

1. 義大利麵煮熟，撈出瀝乾水分。檸檬皮洗淨，刨成細條。
2. 香菜葉洗淨切末，放入果汁機中和調味料一起打勻，即成香菜醬。
3. 將義大利麵盛入盤中，淋上香菜醬，最後撒上檸檬皮即成。

冷冷的麵淋上酸酸的醬汁，夏天最開胃。

水果冷麵

＊材料＊

螺旋麵100g.、蘋果1/4個、奇異果1/2個

＊調味＊

橄欖油2大匙、柳橙汁1/4杯

＊做法＊

1. 螺旋麵煮熟，撈出瀝乾水分。
2. 蘋果洗淨，去核切丁；奇異果去皮切丁；所有材料放入盤中。
3. 橄欖油和柳橙汁放入大碗中攪打均勻，淋在螺旋麵和水果丁上拌勻即成。

Point

要選擇好一點的橄欖油來做，香氣濃郁一些才不會有油膩感，如果覺得直接拌油吃不習慣的話，拌些果汁與植物性鮮奶油或是優格味道也不錯。冷食的麵可以煮熟軟一些，煮麵時不需要加油和鹽，搭配上水果與果汁味道比較合。

清淡
爽口

以各色水果為主角，多C、多健康的排毒、美容首選。

果香甜味義大利麵

蔬果
★
10分鐘

＊ 材料 ＊

車輪麵80g.、奇異果1/2顆、草莓3顆、小蕃茄2顆、鳳梨片適量、綜合水果丁少許

＊ 調味 ＊

藍莓果醬2大匙、橄欖油1/2小匙、罐頭鳳梨汁適量

＊ 做法 ＊

1. 車輪麵煮熟，撈出立即泡入大量冷開水中，浸泡至冷卻後瀝乾水分，然後盛入盤中。
2. 新鮮水果均洗淨，去皮或去除蒂頭後切小塊；罐頭水果取出處理成適當的大小；將所有水果加入車輪麵混合均勻。
3. 藍莓果醬以罐頭鳳梨汁調稀，再倒入橄欖油充分混合均勻，淋入車輪麵中拌勻即成。

Point

水果可依方便搭配組合，不過盡量能包含紅、黃、綠、白等不同顏色的水果，營養更完整，不要選擇太硬的水果才能與麵條的口感搭配。

火腿和鳳梨組合在一起，營造出的特色就是濃郁中又不失清爽。

夏威夷風義大利麵

✱ 材料 ✱

筆尖麵100g.、方型厚片火腿3片、罐頭鳳梨片3片、蘿蔓生菜2片

✱ 調味 ✱

橄欖油1大匙、鹽適量、黑胡椒粒少許、罐頭鳳梨汁2大匙

✱ 做法 ✱

1. 蘿蔓生菜洗淨撕成小片；罐頭鳳梨片分切成約一口大小。
2. 熱鍋倒入少許橄欖油燒熱，放入火腿片以小火略煎至熟，盛出分切成小三角塊，放入大碗中，加入生菜、鳳梨片和所有調味料拌勻，靜置約3～5分鐘至入味。
3. 筆尖麵煮熟，撈出立即泡入大量冷開水中，浸泡至冷卻後瀝乾水分，放入材料碗中拌勻即成。

Point

正統的義大利冷拌麵其實多直接以大量的橄欖油和香料混合入味後再加入麵條，對沒吃慣的人來說也許會因為橄欖油加得太多而卻步，其實好的橄欖油味道是很清香的，口感也不會很油膩。油量不夠的話麵條容易乾澀，這一道特別以鳳梨汁和橄欖油混合成醬汁，不用擔心吃進太多的油分。

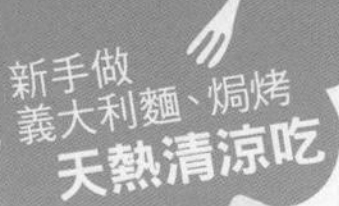

清淡爽口

豐富的營養就和它所呈現的繽紛色彩一樣，令人目不暇給。

生菜沙拉義大利麵

蔬果
★
10分鐘

✻ 材料 ✻

花邊通心粉100g.、蘿蔓生菜3片、小蕃茄6顆、茴香葉少許、紫生菜少許

✻ 調味 ✻

橄欖油2大匙、義大利綜合香料1/3小匙、鹽適量

✻ 做法 ✻

1. 所有蔬菜材料分別洗淨，再以冷開水沖洗一次，瀝乾水分。蘿蔓生菜撕成小片；小蕃茄對切；茴香葉切成小段；紫生菜切絲。
2. 將蔬菜放入大碗中，加入所有調味料拌勻，靜置約5分鐘至入味。
3. 花邊通心粉煮熟，撈出立即泡入大量冷開水中，浸泡至冷卻後瀝乾水分，放入碗中拌勻即成。

Point

不難發現這道料理其實就是將義大利麵加入生菜沙拉裡混著吃，喜歡沙拉的朋友一定會喜歡它的清爽和飽足感，還可搭配少許檸檬汁，使醬汁略帶點酸味。

酸黃瓜醬勾勒出雞肉的鮮嫩，蛋黃碎點綴出圓潤的口感。

蛋香雞絲義大利麵

✻ 材料 ✻

捲捲麵100g.、熟雞胸肉80g.、紅辣椒少許、熟蛋黃1顆

✻ 調味 ✻

橄欖油1大匙、酸黃瓜醬3大匙、紅椒粉1/4小匙、鹽適量

✻ 做法 ✻

1. 熟雞胸肉撕成粗絲；熟蛋黃壓碎；紅辣椒切片。
2. 將雞胸肉絲放入大碗中，加入紅辣椒片和所有調味料充分拌勻，靜置約5分鐘至入味。
3. 捲捲麵煮熟，撈出立即泡入大量冷開水中，浸泡至冷卻後瀝乾水分，放入碗中拌勻即成。

Point

酸黃瓜醬的口味每家廠牌略有不同，有的強調酸味，有的會帶些甜味，也有的接近小黃瓜原味只帶淡淡酸味，使用前最好先試一下味道再適量的增減用量。

簡單而新鮮的調味，賦予麵條最清新的活力。

紅椒香草義大利麵

✻ 材料 ✻

義大利寬麵100g.、市售黑胡椒牛肉片80g.、新鮮百里香2支、新鮮迷迭香少許

✻ 配料 ✻

燙熟青花菜2朵、紫生菜適量、小蕃茄3顆

✻ 調味 ✻

橄欖油1大匙、紅椒粉1/3小匙、胡椒粉少許、鹽適量

✻ 做法 ✻

1. 百里香和迷迭香洗淨，甩乾水分，摘下葉片切碎，與黑胡椒牛肉片一起放入大碗中。
2. 將所有調味料也放入大碗中拌勻，靜置約5分鐘至入味。
3. 義大利寬麵煮熟，撈出立即泡入大量冷開水中，浸泡至冷卻後瀝乾水分，放入大碗中拌勻，盛入盤中並放入配料即成。

Point

要加速新鮮的香草釋放出香味，最快的方式就是將它切碎，傳統做法會將葉片和調味料一起放入研磨缽中，透過研磨讓味道在最短的時間之內釋放與融合，如果家裡有適當的器具，不妨嘗試傳統的做法。

堅果的風味和喀滋喀滋的口感，為義大利麵營造出很不一樣的氣氛。

堅果風味義大利麵

✻ 材料 ✻

捲捲麵100g.、熟核桃2大匙、熟杏仁1大匙、南瓜子1小匙、葡萄乾1小匙、蔓越莓乾1小匙

✻ 調味 ✻

蜂蜜1大匙、沙拉醬3大匙、巴西里末少許

✻ 做法 ✻

1. 捲捲麵煮熟，撈出立即泡入大量冷開水中，浸泡至冷卻後瀝乾水分。
2. 熟核桃、熟杏仁、南瓜子放入塑膠袋中敲碎；葡萄乾、蔓越莓乾以冷開水泡軟後瀝乾。
3. 將所有調味料放入碗中攪拌均勻，加入捲捲麵拌勻後分次撒入核果類和水果乾再次拌勻即成。

Point

除了堅果、乾果之外，家裡現成的新鮮蔬菜、水果也可酌量隨意搭配。

清淡
爽口

油亮鮮豔的蕃茄和新鮮芳香的迷迭香，是義大利麵最誘人的點綴。

蕃茄油醋義大利麵

蔬果
★
10分鐘

✻ 材料 ✻

花邊通心粉100g.、小蕃茄80g.、新鮮迷迭香2支

✻ 調味 ✻

橄欖油2大匙、白酒醋1小匙、檸檬汁1/2小匙

✻ 做法 ✻

1. 小蕃茄洗淨，瀝乾水分後對切；新鮮迷迭香洗淨，甩乾水分，以手稍微搓揉葉片後摘下葉片。
2. 將小蕃茄、迷迭香和所有調味料放入大碗中攪拌均勻，靜置5分鐘至入味。
3. 花邊通心粉煮熟，撈出立即泡入大量冷開水中，浸泡至冷卻後瀝乾水分，放入大碗中拌勻即成。

Point

拌好的麵可以加蓋密封後冷藏，冰冰涼涼的別有另一番風味，通心麵也更入味。做為隨時享用的小點心或開胃小菜都非常適合。

買瓶現成的美味醬料搭配好食材，義大利麵就能變得簡單又精緻。

醋香蘆筍蟹肉義大利麵

＊材料＊

義大利細麵100g.、大隻蟹肉5條、蘆筍100g.

＊調味＊

義式香醋沙拉醬3大匙

＊做法＊

1. 蘆筍洗淨，切除底部較硬的莖。
2. 蟹肉洗淨與蘆筍一起放入滾水中汆燙約3分鐘至熟，撈出放入大碗中，加入義式香醋沙拉醬拌勻，靜置約5分鐘至入味，取出蟹肉和蘆筍排入盤中，醬汁留在碗中不要倒掉。
3. 義大利細麵煮熟，撈出瀝乾立即放入碗中留下的醬汁中，拌勻後將麵條夾入蘆筍和蟹肉盤中，最後淋入剩下的醬汁即成。

Point

義式香醋沙拉醬是調配好的現成瓶裝沙拉醬，在義大利麵專門店或是百貨公司超市裡都可以買得到，雖然在一般超市不容易看見，但價格並不昂貴，味道也非常濃郁有特色，多加利用這類現成醬汁，料理起來不但方便，味道也更多變化。

人氣必點

滑潤又有層次口感的芥末子醬，讓品嘗義大利麵有了不同的新體驗。

芥末子醬義大利麵

蔬果 ★ 10分鐘

＊材料＊

義大利細麵100g.、紅甜椒30g.、馬芝瑞拉起司適量、九層塔葉少許

＊調味＊

芥末子醬3大匙、胡椒粉少許、鹽適量

＊做法＊

1. 紅甜椒洗淨後切小丁粒；九層塔葉洗淨，甩乾水分後切碎；馬芝瑞拉起司切碎丁。
2. 紅甜椒丁粒和九層塔葉碎放入大碗中，加入所有調味料拌勻，靜置3～5分鐘至入味。
3. 義大利細麵煮熟，撈出瀝乾水分，放入大碗中拌勻，盛入盤中撒上馬芝瑞拉起司碎丁即成。

Point

芥末子醬就是帶籽的法式芥末醬，顆粒狀的特殊口感非常受歡迎，在一般超市就能找到它。

不論是冷食還是熱食義大利麵，大蒜的風味都能搭配的恰如其分。

蒜香冷拌義大利麵

肉類
★
10分鐘

✻ 材料 ✻

螺旋麵100g.、大蒜碎1大匙、培根1片、新鮮巴西里適量

✻ 調味 ✻

橄欖油2大匙、胡椒粉少許、鹽適量

✻ 做法 ✻

1. 培根放入鍋中煎至略乾，取出切成碎末；新鮮巴西里洗淨，甩乾水分後切碎。
2. 將培根、巴西里放入大碗中，加入大蒜碎和所有調味料拌勻，靜置3分鐘至入味。
3. 螺旋麵煮熟，撈出瀝乾水分，放入大碗中拌勻即成。

Point

市面上可以買到現成的培根碎，省去煎和切的時間，使用起來更方便，不過在香味上自然比現做的稍嫌遜色一些。

五顏六色的蔬菜拌上香料烘烤，蔬菜不同層次的鮮甜就是義大利麵最好的佐料。

烤蔬冷拌義大利麵

＊材料＊

筆尖麵80g.、南瓜40g.、西洋芹30g.、新鮮香菇1朵、蘑菇2朵、青椒20g.、紅甜椒20g.、巴西里末少許

＊調味＊

橄欖油3大匙、胡椒1/4小匙、鹽適量

＊做法＊

1. 南瓜、西洋芹、新鮮香菇、蘑菇均洗淨切小塊；青椒、紅甜椒洗淨去蒂後切小塊。
2. 將蔬菜、香菇放入烤盤中，加入所有調味料拌勻，移入預熱好的烤箱以210℃烘烤約20分鐘至熟，中間需再次拌勻，取出趁熱撒上巴西里末拌勻。
3. 筆尖麵煮熟，撈出立即泡入大量冷開水中，浸泡至冷卻後瀝乾水分，放入烤好的料中拌勻即成。

Point

蔬菜塊切得大小影響了烘烤的時間，太小塊烘烤時會過度失去水分，太大塊則需要較長的時間才能熟透，因此蔬菜盡量切成略長一點的塊狀，厚度大約在1～1.5公分之間。

馬鈴薯泥就像薄外衣一般包裹著通心粉，更添滑順口感。

千島薯泥通心粉

＊材料＊

通心粉80g.、馬鈴薯1顆、冷凍三色豆適量、高湯或鮮奶少許、九層塔葉適量

＊調味＊

千島沙拉醬3大匙、鹽適量、黑胡椒粉少許

＊做法＊

1. 馬鈴薯洗淨，連皮放入滾水中煮至熟透，取出趁熱撕去外皮，放入大碗中壓成泥狀，加入所有調味料拌至顏色均勻，再加入適量高湯或鮮奶調拌至成軟泥狀。
2. 冷凍三色豆放入滾水中燙至變色，撈出瀝乾水分放入軟泥碗中拌勻。
3. 通心粉煮熟，撈出立即泡入大量冷開水中，浸泡至冷卻後瀝乾水分，加入碗中拌勻，最後撒上九層塔葉即成。

Point

馬鈴薯泥的做法很多，除了直接水煮之外，也可利用微波爐、電鍋或烤箱，選擇一種方便的方式製作就可以。

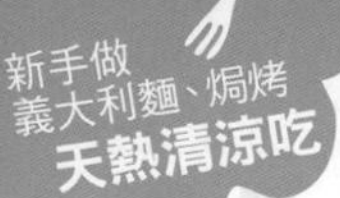

沾裹上檸檬蛋黃醬汁，讓義大利麵顯得更加金黃誘人。

檸檬蛋汁義大利麵

✻ 材料 ✻

義大利細麵100g.、綠花椰菜50g.、黃甜椒30g.、紅甜椒30g.、蛋黃液1個、檸檬皮屑少許

✻ 調味 ✻

檸檬汁2小匙、不甜的沙拉醬2大匙、橄欖油1小匙、鹽適量

✻ 做法 ✻

1. 綠花椰菜洗淨切小朵；黃甜椒、紅甜椒洗淨切小塊；均放入滾水中汆燙約40秒鐘，撈出瀝乾後放涼。
2. 蛋黃液打入碗中，加入沙拉醬和橄欖油拌勻，分次加入檸檬汁、檸檬皮屑和鹽攪拌均勻，最後加入綠花椰菜、甜椒略拌。
3. 義大利細麵煮熟，撈出立即泡入大量冷開水中，浸泡至冷卻後瀝乾水分，放入大碗中翻拌至醬汁吸收，盛入盤中即成。

Point

生食用的蛋黃必須選擇新鮮的雞蛋，取蛋黃時盡量將蛋白的部分去除乾淨，才不會帶有雞蛋的腥味，做好的義大利麵也必須盡快食用。

當魚卵淡淡的鹹鮮味在舌尖打轉，讓人深深的領略出義大利麵的海味風情。

和風魚卵義大利麵

✽ 材料 ✽

義大利細麵100g.、明太子1條、西洋芹20g.、紅甜椒20g.、海苔絲適量

✽ 調味 ✽

美乃滋醬2大匙、鹽少許

✽ 做法 ✽

1. 義大利麵煮熟，撈出立即泡入大量冷開水中，浸泡至冷卻後瀝乾水分。
2. 西洋芹、紅甜椒均洗淨切小丁粒。
3. 明太子撕去外膜，放入碗中稍微攪散，再加入西洋芹、紅甜椒、鹽和美乃滋醬拌至醬汁顏色均勻，最後放入煮好的麵條拌勻，盛入盤中，最後撒上海苔絲即成。

Point

"明太"就是鱈魚的意思，所以明太子也就是鱈魚子，我們所買到的通常是以辣椒、香料醃製過的，本身已經具有味道，所以不需要太多的調味。

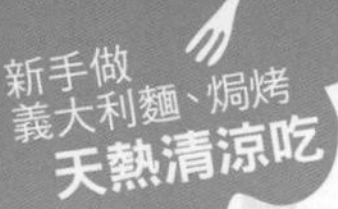

熱醬與冷麵搭配的這道義大利麵，兼具濃郁香氣和清爽口感。

茄汁鮮蝦義大利麵

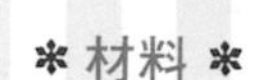

✻ 材料 ✻

義大利細麵100g.、中型帶殼鮮蝦3尾、罐頭脫皮蕃茄2顆、青椒40g.、黃甜椒40g.、洋蔥20g.

✻ 調味 ✻

橄欖油1大匙、紅醬2大匙（做法見p.7）、高湯2大匙（做法見p.9）、義大利綜合香料1/4小匙、胡椒少許、鹽適量

✻ 做法 ✻

1. 帶殼鮮蝦洗淨；罐頭脫皮蕃茄壓成碎泥狀；青椒、黃甜椒洗淨切小塊；洋蔥洗淨去皮切碎。
2. 義大利麵煮熟，撈出立即泡入大量冷開水中，浸泡至冷卻後瀝乾水分，排入盤中。
3. 熱鍋倒入橄欖油燒熱，放入青椒、黃甜椒和洋蔥以小火炒出香味，放入義大利綜合香料、蕃茄碎泥和紅醬翻炒數下，再加入帶殼鮮蝦續炒至變色，最後加入高湯、胡椒和鹽拌勻，待湯汁略收乾，盛出淋在麵上即成。

別認為罐頭鮪魚顯得小家子氣，這滋味還真是沒話說。

酸辣鮪魚義大利麵

✻ 材料 ✻

義大利細麵100g.、小罐罐頭鮪魚肉1罐、檸檬皮屑適量、小蕃茄2顆

✻ 調味 ✻

TABASCO辣醬1小匙、檸檬汁少許、白酒醋1/2小匙、義大利綜合香料1/3小匙、胡椒粉少許

✻ 做法 ✻

1. 罐頭鮪魚肉取出稍微壓成小塊，罐內湯汁留下不要丟掉。
2. 將所有調味料放入大碗中，加入鮪魚肉以及湯汁輕輕拌勻。
3. 義大利細麵煮熟，撈出立即泡入大量冷開水中，浸泡至冷卻後瀝乾水分，放入鮪魚肉碗中拌勻，夾出麵條放入盤中，再淋上剩餘的鮪魚肉及醬汁，最後搭配上小蕃茄即成。

Point

辣醬和檸檬汁的用量可以依喜愛的酸辣程度調整，這道不需要另外添加橄欖油，使用鮪魚罐頭的湯汁，油分就已經足夠，味道也比橄欖油更加香濃。

Easy Pasta
Gratins
Pizza Appetizer
Soup

以自製的白醬、青醬和紅醬，
搭配當季的蔬果和鮮美的海鮮、肉類，
再加入辣椒、香草和特殊調味料，一盤盤顏色鮮豔、濃厚醬汁、辣味的義大利麵上桌了，盡情享受一頓豐富的義式料理。

Part 3 嗆辣重口味
經典義大利麵

利用起司片的特質，醬汁馬上變得更加香濃滑潤。

奶油起司義大利麵

蔬果
★
10分鐘

✻ 材料 ✻

義大利寬麵120g.、蘑菇2粒、綠花椰菜50g.、洋蔥20g.、起司片2片、培根碎適量

✻ 調味 ✻

奶油1大匙、白醬3大匙（做法見p.7）、高湯3大匙（做法見p.9）、鹽適量

✻ 做法 ✻

1. 義大利寬麵煮熟，撈出瀝乾水分。
2. 蘑菇洗淨切片；綠花椰菜洗淨，撕去硬皮後切小朵；洋蔥洗淨去皮切碎。
3. 熱鍋放入奶油以小火燒融，放入洋蔥碎和蘑菇片以小火略炒，加入綠花椰菜炒至變色，再加入白醬和高湯煮勻，放入起司片續煮至完全融化，放入義大利麵拌勻，以鹽調味後撒上培根碎即成。

Point

在醬汁裡添加適量的起司，可以使醬汁更濃更香，軟質起司可以讓醬汁更濃，而硬質起司則可讓香味更明顯。這道義大利麵最好要趁熱食用，冷卻後醬汁會更濃稠而讓人覺得膩口。

奶油不能以大火料理，過高的溫度會讓奶油焦化，不但顏色變差，也會產生苦味。

奶油融化後就可以加入洋蔥拌炒，一樣使用小火慢炒，不久就會聞到奶油和洋蔥散發出的香味。

醬汁煮得差不多了，才加入起司，否則醬汁會過於濃稠，起司融化後就要馬上加入麵條拌勻。

一改以往魚肉口味清淡的限制，
連醬汁都布滿煎鮭魚的濃濃香氣。

鮭魚紅醬義大利麵

＊材料＊

義大利細麵120g.、鮭魚80g.、牛蕃茄1/3個、洋蔥20g.、新鮮迷迭香1支

＊調味＊

橄欖油1大匙、紅醬2大匙（做法見p.7）、高湯3大匙（做法見p.9）、酸瓜醬2大匙、鹽適量

＊做法＊

1. 義大利細麵煮熟，撈出瀝乾水分。
2. 牛蕃茄洗淨切丁；洋蔥洗淨去皮切碎；鮭魚洗淨擦乾水分，切成2薄片，油煎至熟透且表面略乾，取1片壓碎。
3. 熱鍋倒入橄欖油燒熱，放入蕃茄丁與洋蔥碎以小火炒出香味，加入紅醬和高湯煮勻，再加入鮭魚碎和酸瓜醬拌勻略煮，最後加入麵條拌煮至湯汁略收乾，將麵條夾入盤中，淋上鍋中醬汁，最後放上鮭魚片和迷迭香即成。

先以大火將表面煎熟，再小火煎出香味，這樣就可以讓鮭魚不會吃起來過於乾硬，而香氣也能盡量釋放出來。

取部分煎好的鮭魚壓碎，與醬汁材料一起熬煮，就能簡單的提升醬汁的鮮美滋味，也能同時品嘗到鮭魚不同的口感。

Point

煎過的鮭魚肉具有很濃郁的香氣，吸收醬汁後口感仍然可以維持恰當的柔軟度。

最經典

天空中有飛舞的彩蝶，義大利麵中也有可愛的蝴蝶麵，還可以吃呢！

蕃茄義大利麵

蔬果
★
15分鐘

＊材料＊

蝴蝶麵120g.、中型紅蕃茄2個、洋蔥丁20g.、起司粉適量

＊調味＊

橄欖油1大匙、紅醬3大匙（做法見p.7）、胡椒粉1/4小匙、鹽適量

＊做法＊

1. 蝴蝶麵煮熟，撈出瀝乾水分。
2. 紅蕃茄去蒂洗淨，切塊。
3. 熱鍋倒入橄欖油燒熱，加入洋蔥丁以小火炒軟，放入蕃茄塊和紅醬略炒數下，放入蝴蝶麵拌勻，加入胡椒粉、鹽調味，最後撒上起司粉即成。

Point
起司粉在最後調味完成後再撒，香氣才不會被調味料等掩蓋。

蕃茄的酸甜佐上辣醬，意想不到的合味。

辣味通心粉

✻ 材料 ✻

通心粉120g.、蘑菇3朵、培根1片、紅辣椒1/2支、脫皮蕃茄1個、酸豆40g.、起司粉適量

✻ 調味 ✻

橄欖油1大匙、紅醬3大匙（做法見p.7）、高湯2大匙（做法見p.9）、鹽適量

✻ 做法 ✻

1. 通心粉煮熟，撈出瀝乾水分。
2. 蘑菇洗淨，切片；培根切片；紅辣椒切段；脫皮蕃茄切碎（蕃茄脫皮法見p.11）。
3. 熱鍋倒入橄欖油燒熱，加入培根和辣椒，以小火炒香後放入脫皮蕃茄、蘑菇、酸豆、紅醬和高湯，以小火略煮，待入味後放入通心粉拌勻，加入鹽調味，最後撒上起司粉即成。

Point

酸豆(caper)的酸味頗重，加入些許可使這道菜的口味更有層次，超市有售。

清脆爽口的蝦仁搭配濃濃的白醬，美味更加分！

奶油蝦仁義大利麵

＊材料＊

貝殼麵120g.、蝦仁80g.、青椒30g.、紅辣椒1支、洋蔥丁20g.、巴西里末適量

＊調味＊

橄欖油1大匙、白醬3大匙（做法見p.7）、鮮奶油1大匙、胡椒粉1/4小匙、鹽適量

＊做法＊

1. 貝殼麵煮熟，撈出瀝乾水分。
2. 蝦仁洗淨，去除腸泥；青椒、紅辣椒去蒂，洗淨切片。
3. 熱鍋倒入橄欖油燒熱，加入洋蔥、紅辣椒以小火炒香，加入青椒、蝦仁、白醬和鮮奶油煮熟，放入貝殼麵拌勻，加入胡椒粉、鹽調味，最後撒上巴西里末即成。

Point

白醬的材料中因加入鮮奶較不耐放，最好是現做現加入，也能保持濃郁。

如輪子般的車輪麵，一躍而成餐桌上的主角。

蘑菇培根奶油麵

✻ 材料 ✻

車輪麵120g.、蘑菇50g.、培根2片、蒜片2粒、巴西里末適量、九層塔葉適量

✻ 調味 ✻

橄欖油1大匙、白醬1大匙（做法見p.7）、鮮奶油1大匙、胡椒粉1/4小匙、鹽適量

✻ 做法 ✻

1. 車輪麵煮熟，撈出瀝乾水分。
2. 蘑菇洗淨切片；培根切片。
3. 熱鍋倒入橄欖油燒熱，先加入蒜片和培根以小火炒香，加入蘑菇、白醬和鮮奶油煮熟，放入車輪麵和巴西里末拌勻，最後加入胡椒粉、鹽調味，撒上九層塔葉即成。

Point

剛切好的蘑菇片切口容易變黑，可略泡一下鹽水防止變色。

水管麵可愛的外型，最得小朋友們的喜愛，是每天餐桌的好選擇。

蕃茄火腿義大利麵

肉類
★
15分鐘

材料

水管麵120g.、方型厚片火腿100g.、洋蔥丁20g.、脫皮蕃茄2個、蒜片1粒、香菜適量

調味

橄欖油1大匙、紅醬1大匙（做法見p.7）、鮮奶1大匙、辣椒醬1/2小匙、黑胡椒粉1/4小匙、鹽適量

做法

1. 水管麵煮熟，撈出瀝乾水分。
2. 火腿切小三角塊；脫皮蕃茄切小塊。
3. 熱鍋倒入橄欖油燒熱，加入蒜片和洋蔥丁以小火炒香，加入紅醬、鮮奶、辣椒醬和火腿、脫皮蕃茄略煮30秒鐘，放入水管麵拌勻，最後加入黑胡椒粉、鹽調味，放上香菜即成。

Point

此道菜使用脫皮蕃茄，是為了配合火腿最適合烹調時間，避免煮太久失去口感，如果使用新鮮蕃茄就要早一點加入才夠味。

滿滿蔬菜和雞肉的義大利麵，不愛吃蔬菜的小朋友嘗一口就愛上。

蕃茄雞肉麵

✻ 材料 ✻

義大利麵120g.、雞胸肉100g.、培根1/2片、紅、黃、綠甜椒共30g.、中型紅蕃茄4個、洋蔥丁20g.、九層塔葉適量

✻ 調味 ✻

橄欖油1大匙、紅醬2大匙（做法見p.7）、高湯2大匙（做法見p.9）、胡椒粉1/4小匙、鹽適量

✻ 做法 ✻

1. 義大利麵煮熟，撈出瀝乾水分。
2. 雞胸肉洗淨切條；培根切小片；甜椒去蒂，洗淨後切小丁粒；蕃茄去蒂，洗淨後切片。
3. 熱鍋倒入橄欖油燒熱，加入培根和洋蔥以小火炒軟，放入雞胸肉煎熟後夾出，鍋中繼續放入蕃茄、甜椒類、紅醬和高湯略炒數下，待熟後放入義大利麵拌勻，加入胡椒粉、鹽調味，盛入盤中，放上煎熟的雞胸肉，放上九層塔葉即成。

Point

覺得雞胸肉較澀且無味而不喜歡吃的人，可將肉加在這道紅醬中，肉吸收醬汁後較多汁好入口。

最經典

加入濃郁的白醬、重味的高達起司，是一道口感極濃郁的美味料理。

奶油蘆筍義大利麵

肉類

15分鐘

✻ 材料 ✻

義大利寬麵120g.、蘆筍120g.、培根1片、洋蔥末4小匙、高達起司40g.、起司粉適量

✻ 調味 ✻

橄欖油1大匙、白醬5大匙(做法見p.7)、鮮奶30c.c.、鹽適量

✻ 做法 ✻

1. 義大利寬麵煮熟，撈出瀝乾水分。
2. 蘆筍洗淨，切段；培根切小片。
3. 熱鍋倒入橄欖油燒熱，加入洋蔥和培根以小火炒香，加入蘆筍、高達起司、白醬和鮮奶炒熟，放入義大利寬麵拌勻，加入鹽調味，最後撒上起司粉即成。

Point

製作義大利麵時可以選擇的起司種類很多，用法上簡單可分為烹調時加入和烹調後加入兩種方式；烹調時加入的起司主要在增加口感的濃稠感，烹調後加入則以增加香氣為主。

滿滿蔬菜氣味中的一點培根焦香，搭配的天衣無縫。

蕃茄甜椒義大利麵

✻ 材料 ✻

義大利寬麵120g.、中型紅蕃茄1個、三色甜椒共100g.、培根1片、洋蔥丁20g.

✻ 調味 ✻

橄欖油1大匙、紅醬1大匙(做法見p.7)、高湯2大匙(做法見p.9)、胡椒粉1/4小匙、鹽適量

✻ 做法 ✻

1. 義大利寬麵煮熟，撈出瀝乾水分。
2. 紅蕃茄和甜椒去蒂洗淨，切塊；培根切小片。
3. 熱鍋倒入橄欖油燒熱，加入培根、洋蔥以小火炒香，放入蕃茄、甜椒和紅醬略炒數下，再放入義大利麵拌勻，最後加入胡椒粉、鹽調味即成。

Point

炒培根和洋蔥時以小火即可，避免將食材炒焦，只要散發出香氣即可。

宴客必備

肉質鮮嫩的菲力牛排肉和義大利麵一起食用，獨特的吃法只有在家吃得到！

茄汁菲力麵

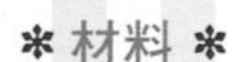

✻ 材料 ✻

義大利寬麵120g.、菲力牛排肉150g.、脫皮蕃茄2個、洋蔥丁20g.

✻ 調味 ✻

紅酒1大匙、黑胡椒1/4小匙、奶油1大匙、橄欖油1大匙、紅醬3大匙(做法見p.7)、高湯2大匙(做法見p.9)、鹽適量

✻ 做法 ✻

1. 義大利寬麵煮熟，撈出瀝乾水分，盛入盤中；脫皮蕃茄切塊。
2. 菲力牛排肉切塊後以紅酒和黑胡椒醃1小時，再以奶油煎熟。
3. 熱鍋倒入橄欖油燒熱，加入洋蔥以小火炒軟，加入脫皮蕃茄、紅醬和高湯以小火煮至入味，加入鹽調味，淋在麵條上，最後放上煎好的牛排肉即成。

Point

西式的醃肉法和中式最大的差異，在於不做太多額外的調味，只以紅酒和黑胡椒來去除肉腥味，才能充分保持肉的原味，再以奶油煎出肉本身的香氣。紅酒的酸澀在醃肉時具有增加肉質嫩度的作用，同時也可以增加色澤。

鮮綠的花椰菜，最適合沾一口濃郁奶香的奶油醬汁品嘗。

奶油蟹肉義大利麵

＊材料＊

貝殼麵100g.、蟹腳肉80g.、綠花椰菜60g.、紅辣椒1/2支、洋蔥丁20g.、起司粉適量

＊調味＊

橄欖油1大匙、鮮奶油2大匙、鮮奶3大匙、胡椒粉1/2小匙、鹽適量

＊做法＊

1. 貝殼麵煮熟，撈出瀝乾水分。
2. 蟹腳肉洗淨；綠花椰菜洗淨，切小朵；紅辣椒去蒂切片。
3. 熱鍋倒入橄欖油燒熱，加入洋蔥、紅辣椒以小火炒軟，加入蟹腳肉和綠花椰菜，炒熟後倒入鮮奶油、鮮奶煮至入味，放入貝殼麵拌勻，加入胡椒粉、鹽調味，最後撒上起司粉即成。

Point

綠花椰菜較易熟透，不需太早加入，以免菜變得太軟透不好吃。

吃膩了天使髮麵嗎？今天換成菠菜口味的寬麵如何？

奶油培根義大利麵

✻ 材料 ✻

菠菜寬麵.120g.、培根4片、洋蔥丁30g.、起司粉1小匙、巴西里末適量

✻ 調味 ✻

橄欖油1大匙、白醬2大匙（做法見p.7）、鮮奶油1大匙、胡椒粉1/4小匙、鹽適量

✻ 做法 ✻

1. 菠菜寬麵煮熟，撈出瀝乾水分；培根切方片。
2. 熱鍋倒入橄欖油燒熱，加入洋蔥和培根以小火炒香，放入白醬、鮮奶油以小火略煮，入味熟透後放入菠菜寬麵拌勻，加入胡椒粉、鹽調味，最後撒上起司粉和巴西里末即成。

Point

一般寬麵煮的時間會比花式麵類（貝殼麵、通心麵、天使細麵等等）來的長，依品牌煮的時間略有不同，約8～10分鐘。

略帶鹹味的鯷魚口味特別，搭配麵類、炒飯都讓人垂涎欲滴。

茄汁鯷魚義大利麵

✻ 材料 ✻

三色圓形麵120g.、青豆70g.、罐頭鯷魚肉80g.、黑橄欖4粒、洋蔥丁20g.

✻ 調味 ✻

橄欖油1大匙、蕃茄汁3大匙、高湯2大匙（做法見p.9）、鹽適量

✻ 做法 ✻

1. 圓形麵煮熟，撈出瀝乾水分。
2. 青豆洗淨；黑橄欖切片。
3. 熱鍋倒入橄欖油燒熱，加入洋蔥以小火炒軟，加入蕃茄汁、高湯、青豆、罐頭鯷魚肉和黑橄欖略煮，放入圓形麵拌勻，最後加入鹽調味即成。

Point

鯷魚(anchovy)一般在義大利麵中使用的是醃漬的罐頭肉，尤其做凱撒沙拉中必用到，在大一點的超市中有賣。

義大利麵也可以加入新鮮的菠菜喔！吃麵的同時也吃進了許多營養。

菠菜鮮蝦麵

✽ 材料 ✽

義大利寬麵120g.、菠菜50g.、鮮蝦3隻、洋蔥丁20g.

✽ 調味 ✽

橄欖油1大匙、紅醬4大匙（做法見p.7）、高湯4大匙（做法見p.9）、胡椒粉1/4小匙、鹽適量

✽ 做法 ✽

1. 義大利寬麵煮熟，撈出瀝乾水分。
2. 菠菜洗淨，切段；鮮蝦洗淨，去除腸泥。
3. 熱鍋倒入橄欖油燒熱，加入洋蔥以小火炒軟，放入鮮蝦、菠菜、紅醬和高湯略炒數下，待熟放入義大利寬麵拌勻，最後加入胡椒粉、鹽調味即成。

Point

紅醬是義大利麵中最廣泛使用到的醬汁，也可用在製作披薩、千層麵和燉飯上。

當紅醬碰上鮮奶，是給不愛酸味料理的人的另一種選擇。

茄汁鮮蝦蘑菇麵

✻ 材料 ✻

S型麵120g.、鮮蝦3～5隻、蘑菇3朵、中型紅蕃茄1/4個、洋蔥丁20g.、新鮮巴西里適量

✻ 調味 ✻

橄欖油1大匙、紅醬2大匙(做法見p.7)、鮮奶1大匙、黑胡椒1/4小匙、鹽適量量

✻ 做法 ✻

1. S型麵煮熟，撈出瀝乾水分。
2. 鮮蝦洗淨，去除腸泥；蘑菇洗淨切小塊；蕃茄去蒂，洗淨切小塊。
3. 熱鍋倒入橄欖油燒熱，加入洋蔥、蕃茄、蘑菇以小火炒軟，加入鮮蝦略炒，再加入紅醬和鮮奶煮勻，放入S型麵拌勻，最後加入黑胡椒、鹽調味、放上巴西里即成。

Point

海鮮類的義大利麵是最受大眾歡迎的口味，可以花枝、干貝等海鮮料取代鮮蝦，只要食材新鮮一樣美味。

Easy Pasta
Gratins
Pizza Appetizer
Soup

Part 4

濃厚起司味
焗烤麵和披薩

加入了披薩起司、起司粉的焗烤麵和披薩，
經由烤箱的適當烘烤，出爐後的香味、融化的起司和黃金的色澤，
正是義大利焗烤料理最吸引老饕們的地方。
利用現成的披薩餅皮，任何人都能在家輕鬆享受。

des citoyens
les citoyens ont pris conscien
pour l'avenir de la planète.
pour responsables des
estimer que le
les difficultés nées

漂亮的黃金色焗烤通心粉，顧不得剛出爐真想飽嚐一口。

焗咖哩通心粉

肉類
★
20分鐘

✻ 材料 ✻

通心粉100g.、洋蔥丁30g.、絞肉50g.、冷凍三色蔬菜80g.、披薩起司80g.、起司粉適量

✻ 調味 ✻

橄欖油1大匙、咖哩粉1大匙、高湯3大匙(做法見p.9)、胡椒粉1/2小匙、鹽適量

✻ 做法 ✻

1. 通心粉煮熟，撈出瀝乾水分。
2. 熱鍋倒入橄欖油燒熱，加入洋蔥和絞肉以小火炒香，加入咖哩粉炒勻後再加入高湯、鹽和胡椒略煮30秒鐘，放入通心粉和冷凍三色蔬菜拌勻，盛入深烤碗中。
3. 撒上披薩起司，放入烤箱以200℃烘烤15分鐘，取出趁熱撒上起司粉即成。

Point
起司粉必須在出爐後再撒在表面上，才能保留香氣和吃到起司美味。而烤箱必須在使用前先預熱到一定的溫度，不然烤15分鐘的時間可能不夠。

當絞肉和洋蔥稍微炒至表面略乾時，就可撒入咖哩粉一起炒，維持小火均勻的翻炒。

小火炒至所有材料都均勻呈現咖哩的金黃色，並持續再翻炒至絞肉表面更加乾縮，此時咖哩香與肉香將會互相融合得更香濃。

一塊披薩吃得到火腿和鮮蝦，海陸美味全都有！

辣味火腿鮮蝦披薩

肉類+海鮮
★
15分鐘

✻ 材料 ✻

現成披薩餅皮1個、火腿80g.、蝦仁6隻、玉米粒1大匙、綠花椰菜40g.、披薩起司150g.

✻ 調味 ✻

紅醬或披薩專用醬3大匙、辣椒醬1/2大匙

✻ 做法 ✻

1. 火腿切片；玉米粒和蝦仁洗淨；綠花椰菜洗淨，切小朵。
2. 現成披薩餅皮均勻抹上紅醬（或披薩專用醬）和辣椒醬，先撒上少許披薩起司，均勻放上火腿、蝦仁、綠花椰菜和玉米粒，再撒上剩餘的披薩起司。
3. 放入烤箱以250℃烘烤10～15分鐘，至表層起司呈金黃色即成。

Point

市面上買的現成披薩起司，大多是混合了馬芝瑞拉起司和高達起司，焗烤後的香味和拉絲的程度算中等，如果喜歡厚厚又濃郁的焗皮，也可以直接用馬芝瑞拉起司來做。

利用湯匙的圓底，可以更均勻的抹平披薩醬，盡量讓整個餅皮表面都抹到醬汁，餅皮的味道才能均勻，吃起來就不會有的地方太淡，有的地方卻太鹹。

抹上披薩醬後，先薄薄撒上一層起司絲，再放上其他餡料，一層一層堆疊，起司才能和餡料均勻混合在一起。

以麵包當作容器，真是特別新吃法，每個人都得試試。

焗薯泥通心粉麵包盅

＊材料＊

通心粉50g.、圓形法國麵包1個、馬鈴薯泥4大匙、胡蘿蔔70g.、青豆70g.、洋蔥丁20g.、培根1片、披薩起司50g.

＊調味＊

橄欖油1大匙、鮮奶油1大匙、鮮奶3大匙、胡椒粉1/4小匙、鹽適量

＊做法＊

1. 通心粉煮熟，撈出瀝乾水分；培根切小丁；圓形法國麵包切除頂端1/3，將中央挖空做成麵包盅。
2. 熱鍋倒入橄欖油燒熱，加入洋蔥和培根以小火炒香，放入胡蘿蔔、青豆，炒熟後加入馬鈴薯泥、鮮奶油、鮮奶、胡椒粉、鹽和通心粉拌勻成餡料。
3. 將餡料盛入麵包盅中，撒上披薩起司，放入烤箱以200℃烘烤5分鐘即成。

Point

經過焗烤後的法國麵包香味可是很棒的，不過要是不小心烤太久很容易脫水而硬的像石頭一樣，如果喜歡起司焗久一點或是麵包吃起來軟一點，就要在法國麵包表皮上稍微抹一層水再烤，不要偷懶包錫箔紙，可是會讓麵包失去口感。

烤熟的培根散發出來的油脂和焦香，讓人一吃難忘。

培根雞肉披薩

✻ 材料 ✻

現成披薩餅皮1個、培根3片、青椒40g.、雞胸肉150g.、披薩起司150g.、起司粉適量

✻ 調味 ✻

奶油1/2大匙、紅醬或披薩專用醬3大匙

✻ 做法 ✻

1. 培根切片；青椒洗淨去蒂切絲；雞胸肉切小塊以奶油稍微煎出香味。
2. 現成披薩餅皮均勻抹上紅醬或披薩專用醬，先撒上少許披薩起司，均勻放上培根、青椒和雞胸肉，再撒上剩餘的披薩起司。
3. 放入烤箱以250℃烘烤10～15分鐘，至表層起司呈金黃色，取出趁熱撒上起司粉即成。

Point

撒起司時不要只撒在上面，應該先撒一點再放上材料，這樣起司會味道更香，材料也不容易散掉。

一層層的義大利麵夾著濃濃的肉醬，輕輕咬一口，噴出的肉汁令人滿足！

肉醬千層麵

✻ 材料 ✻

千層麵100g.、披薩起司100g.、巴西里末適量、起司粉適量

✻ 調味 ✻

肉醬5大匙（做法見p.8）

✻ 做法 ✻

1. 千層麵煮熟，撈出瀝乾水分。
2. 深烤碗中依序填入千層麵和肉醬，頂層均勻撒上披薩起司和巴西里末。
3. 放入烤箱中以200℃烘烤10～15分鐘，至起司表面呈金黃色，趁熱撒上起司粉即成。

Point

這是最簡單的千層麵做法，尤其若又買現成肉醬來做，幾乎是不可能失敗的一道菜，不過要注意肉醬的鹹度，不要因為貪圖美味就放太多，材料已經都是熟的，所以焗烤時只要起司烤到滿意的程度就可以了。

開店好菜

五顏六色的千層麵，滿足味蕾之前，視覺上已獲得大享受。

五彩蔬菜千層麵

＊材料＊

千層麵4片、馬鈴薯250g.、中型紅蕃茄1/2個、黃甜椒40g.、綠甜椒40g.、黑橄欖5粒、披薩起司100g.

＊調味＊

奶油適量、鹽適量

＊做法＊

1. 千層麵煮熟，撈出瀝乾水分；蕃茄和甜椒均去蒂，洗淨切末；黑橄欖切末。
2. 馬鈴薯洗淨，放入滾水中煮至熟透後取出去皮，放入鋼盆壓成泥狀，趁熱放入奶油、蕃茄、甜椒、黑橄欖翻炒至熟透後以鹽調味，即成馬鈴薯泥餡。
3. 烤碗中依序分次加入做好的馬鈴薯泥餡和千層麵，疊好後撒上披薩起司，放入烤箱中以200℃烤至起司表面為金黃色即成。

Point

舖餡料的時侯每層的薄厚要適中，食材才會均一熟透且成品漂亮，是招待客人最佳菜色之一。

濃郁的牛奶中淡淡天然南瓜香，
不加肉類的義大利麵也能創造不同的美味。

焗烤南瓜義大利麵

✻ 材料 ✻

貝殼麵100g.、南瓜1/4個、披薩起司100g.、巴西里末適量、起司粉適量

✻ 調味 ✻

牛奶4大匙、鹽適量

✻ 做法 ✻

1. 貝殼麵煮熟，撈出瀝乾水分。
2. 南瓜洗淨後去皮放入果汁機中，加入牛奶攪打成南瓜泥。
3. 熱鍋倒入南瓜泥以小火煮開，放入貝殼麵、鹽拌勻，倒入深烤碗中，撒上披薩起司和巴西里末，放入烤箱以200℃烘烤15分鐘，取出趁熱撒上起司粉即成。

Point

南瓜的品種較多，這裡建議選擇小型的橢圓南瓜，這種南瓜較甜，更適合和牛奶一起攪打製成南瓜湯或南瓜泥。

大人小孩都喜愛的焗烤料理，加入了鮮菇類，變化更多不同吃法。

焗烤奶油鮮菇飯

✻ 材料 ✻

白飯150g.、新鮮蘑菇3朵、新鮮香菇2朵、三色蔬菜70g.、洋蔥丁20g.、培根1片、披薩起司100g.

✻ 調味 ✻

橄欖油1大匙、白醬4大匙(做法見p.7)、鮮奶油1大匙、黑胡椒1/4小匙、鹽適量

✻ 做法 ✻

1. 新鮮蘑菇和新鮮香菇洗淨，和培根均切小片。
2. 鍋中倒入橄欖油燒熱，先放入洋蔥和培根以小火炒香，再加入蘑菇、香菇、三色蔬菜、黑胡椒和鹽拌炒30秒鐘，放入白飯、白醬和鮮奶油拌勻，盛入深烤碗中，撒上披薩起司。
3. 放入烤箱以200℃烘烤15分鐘即成。

Point
蘑菇、香菇、三色蔬菜都是易熟的食材，加上待會還要以烤箱烘烤，所以大概炒一下即可，不需過熟。

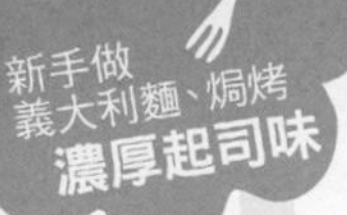

最受歡迎的焗烤料理，自家廚房也能完成！

海鮮焗麵

✻ 材料 ✻

通心粉100g.、鮮蝦2隻、花枝60g.、蛤蜊肉8粒、蟹腳肉50g.、洋蔥丁20g.、九層塔葉適量、披薩起司100g.、起司粉適量

✻ 調味 ✻

橄欖油1大匙、白醬4大匙（做法見p.7）、白酒1/2大匙、胡椒粉1/4小匙、高湯適量（做法見p.9）、鹽適量

✻ 做法 ✻

1. 通心粉煮熟，撈出瀝乾水分；海鮮材料均洗淨以滾水略燙。
2. 熱鍋倒入橄欖油燒熱，加入洋蔥以小火炒軟，放入海鮮材料、九層塔葉、白酒和胡椒粉，炒熟後加入白醬、鹽、通心粉和高湯炒勻，盛入深烤碗中，撒上披薩起司。
3. 放入烤箱以200℃烘烤10分鐘，取出趁熱撒上起司粉即成。

Point
海鮮料不需汆燙過熟，以免焗烤後肉質變老不好吃。白酒最適合用來搭配海鮮，更增添這道料理的風味。

私房美味

少見的牛肉焗麵，是我們家的私房美味！

牛肉焗麵

＊材料＊

水管麵100g.、牛肉200g.、菠菜50g.、洋蔥絲30g.、披薩起司100g.、起司粉適量

＊調味＊

紅酒1大匙、胡椒粉1/2大匙、橄欖油1大匙、紅醬4大匙(做法見p.7)、鹽適量

＊做法＊

1. 水管麵煮熟，撈出瀝乾水分。
2. 牛肉洗淨切小塊，以紅酒和胡椒粉拌勻醃15分鐘；菠菜洗淨切小段。
3. 熱鍋倒入橄欖油燒熱，加入洋蔥以小火炒軟，放入牛肉塊煎至半熟，加入菠菜、紅醬和鹽炒勻，再加入水管麵拌勻，盛入深烤碗中，撒上披薩起司。
4. 放入烤箱以200℃烘烤15分鐘，取出趁熱撒上起司粉即成。

Point

為了節省時間，在醃拌牛肉的同時，可以利用時間將水管麵煮熟。

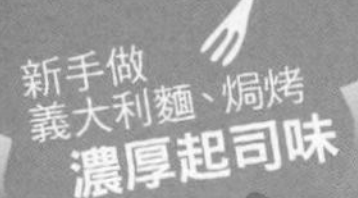

加入鳳梨片的傳統夏威夷風披薩，是我夏天的最愛。

夏威夷披薩

✻ 材料 ✻

現成披薩餅皮1個、罐頭鳳梨4片、火腿4片、披薩起司150g.

✻ 調味 ✻

紅醬或披薩專用醬3大匙、鳳梨汁1/2大匙

✻ 做法 ✻

1. 火腿切片；罐頭鳳梨切小塊；調味料混合拌勻。
2. 現成披薩餅皮均勻抹上調味的紅醬或披薩專用醬，先撒上少許披薩起司，均勻放上火腿和鳳梨，再撒上剩餘的披薩起司。
3. 整個餅皮放入烤箱以250℃烘烤10～15分鐘，至表層起司呈金黃色即成。

Point

罐頭鳳梨較一般新鮮鳳梨來得甜，喜歡吃甜口味的人可選擇罐頭的，準備起來也比較方便。

最經典

永遠都是披薩人氣榜上的TOP1，聚餐料理的不二選擇。

海鮮披薩

海鮮
★
15分鐘

✻ 材料 ✻

現成披薩餅皮1個、蟹腳肉40g.、蛤蜊肉15粒、蟹肉棒2條、披薩起司150g.、起司粉適量

✻ 調味 ✻

紅醬或披薩專用醬4大匙

✻ 做法 ✻

1. 海鮮材料均洗淨。
2. 現成披薩餅皮均勻抹上紅醬或披薩專用醬，先撒上少許披薩起司，均勻放上海鮮材料，再撒上剩餘的披薩起司。
3. 放入烤箱以250℃烘烤10～15分鐘，至表層起司呈金黃色，取出趁熱撒上起司粉即成。

Point

現成的披薩餅皮使用較方便，在超市和量販店就買得到，餅皮大小約1～2人份。此外，也可將用保鮮膜將餅皮包好，以微波加熱至餅皮稍微鬆軟，再放入餡料入烤箱烘烤，成品口感更類似現做的披薩餅皮。

最簡單易做的吐司披薩，一個人吃剛剛好！

香焗起司吐司

✻ 材料 ✻

厚片吐司1片、中型紅蕃茄1/2個、三明治火腿1片、馬芝瑞拉起司100g.、起司粉適量

✻ 調味 ✻

奶油1/2大匙

✻ 做法 ✻

1. 紅蕃茄洗淨去蒂切片；馬芝瑞拉起司切絲。
2. 厚片土司抹上一層奶油，依序排上火腿片、蕃茄片、馬芝瑞拉起司，放入烤箱以200℃烘烤10分鐘，取出趁熱撒上起司粉即成。

蔬果
★
10分鐘

美味的小點心，當作前菜最適合。

香焗起司麵包

✻ 材料 ✻

法國麵包4片、中型紅蕃茄1個、巴西里末2大匙、馬芝瑞拉起司100g.

✻ 調味 ✻

奶油2大匙、黑胡椒1/4小匙

✻ 做法 ✻

1. 紅蕃茄洗淨去蒂切片；馬芝瑞拉起司切薄條。
2. 法國麵包每片均抹上一層奶油，排上蕃茄片和起司，再撒上巴西里末和黑胡椒，放入烤箱以180℃烘烤5分鐘即成。

添加綜合蔬菜料的披薩，營養滿點元氣UP。

什錦蔬菜披薩

✻ 材料 ✻

現成披薩餅皮1個、小型紅蕃茄2個、紅、黃、青椒各40g.、披薩起司150g.

✻ 調味 ✻

紅醬或披薩專用醬4大匙

✻ 做法 ✻

1. 蕃茄和三色甜椒均洗淨去蒂，切成小片。
2. 現成披薩餅皮均勻抹上調味的紅醬或披薩專用醬，先撒上少許披薩起司，均勻放上蕃茄和三色甜椒，再撒上剩餘的披薩起司。
3. 放入烤箱以250℃烘烤10～15分鐘，至表層起司呈金黃色即成。

少見的兩層夾心披薩，
可更換喜愛的食材，展現創意好時機！

夾心披薩

✻ 材料 ✻

現成披薩餅皮2個、中型紅蕃茄1個、披薩起司250g.、起司粉適量

✻ 調味 ✻

紅醬或披薩專用醬6大匙

✻ 做法 ✻

1. 紅蕃茄洗淨去蒂切片。
2. 現成披薩餅皮一個均勻撒上100g.披薩起司，疊上另一個披薩餅皮，均勻抹上紅醬或披薩專用醬，先撒上少許披薩起司，均勻放上蕃茄片，再撒上剩餘的披薩起司。
3. 放入烤箱以200℃烘烤15分鐘，至表層起司呈金黃色，取出趁熱撒上起司粉即成。

別小看自己，
料理新手也能隨意完成這道義式料理喔！

田園披薩

✻ 材料 ✻

現成披薩餅皮1個、玉米粒50g.、青豆50g.、火腿80g.、披薩起司150g.、起司粉適量

✻ 調味 ✻

紅醬或披薩專用醬4大匙

✻ 做法 ✻

1. 火腿切片；玉米粒和青豆洗淨。
2. 現成披薩餅皮均勻抹上紅醬或披薩專用醬，先撒上少許披薩起司，均勻放上火腿、青豆和玉米粒，再撒上剩餘的披薩起司。
3. 放入烤箱以250℃烘烤10～15分鐘，至表層起司呈金黃色，取出趁熱撒上起司粉即成。

肉類
★
15分鐘

最義大利的口味非這道臘腸披薩莫屬！

臘腸披薩

✻ 材料 ✻

現成披薩餅皮1個、臘腸2～3種各3片、黑橄欖3粒、九層塔葉適量、披薩起司150g.

✻ 調味 ✻

紅醬或披薩專用醬3大匙

✻ 做法 ✻

1. 黑橄欖切片。
2. 現成披薩餅皮均勻抹上紅醬或披薩專用醬，先撒上少許披薩起司，均勻放上臘腸、黑橄欖和九層塔葉，再撒上剩餘的披薩起司。
3. 放入烤箱以250℃烘烤10～15分鐘，至表層起司呈金黃色即成。

玉米脆片小點心的創意吃法，
看電視時不可少的美味涼伴。

肉醬起司玉米脆片

＊ 材料 ＊

玉米片150g.、馬芝瑞拉起司70g.

＊ 調味 ＊

肉醬1大匙（做法見p.8）

＊ 做法 ＊

1. 玉米片倒入烤盤中，中央依序加入肉醬和馬芝瑞拉起司，放入烤箱以220℃烘烤5分鐘至起司呈金黃色。
2. 食用時，取玉米片沾上肉醬和起司即可。

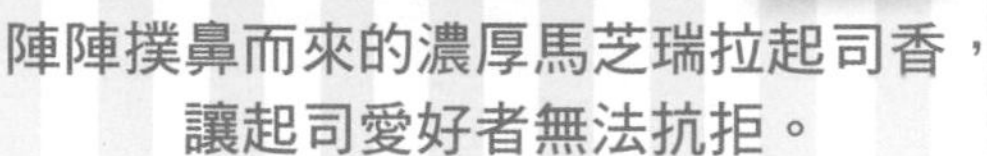

陣陣撲鼻而來的濃厚馬芝瑞拉起司香，
讓起司愛好者無法抗拒。

肉醬薯泥

＊ 材料 ＊

馬鈴薯2個、三色蔬菜100g.、馬芝瑞拉起司絲100g.、起司粉適量

＊ 調味 ＊

肉醬4大匙（做法見p.8）、鹽適量

＊ 做法 ＊

1. 馬鈴薯洗淨，放入滾水中煮熟，取出去皮後以湯匙壓成泥，加入三色蔬菜和鹽拌勻成馬鈴薯泥餡。
2. 烤皿中放入馬鈴薯泥餡，淋上肉醬，撒上馬芝瑞拉起司。
3. 放入烤箱以250℃烘烤15分鐘，至起司呈金黃色，取出趁熱撒上起司粉即成。

Easy Pasta
Gratins
Pizza Appetizer
Soup

如果宴請朋友來家裡吃飯，在義大利麵上桌前，
最適合來碗經典的洋蔥湯、南瓜濃湯，或者香漬蕃茄、酥炸起司條、
培根蔬菜卷等小菜了。這些小菜和湯品只需幾分鐘就能完成，
是讓朋友們體驗主菜前的最佳開胃菜。

Part 5 飯前輕鬆吃

小菜和湯

天然水果加醬汁，享受美食無負擔。

優格水果沙拉

✻ 材料 ✻

青蘋果1/4個、紅蘋果1/4個、哈密瓜250g.

✻ 調味 ✻

原味優格150g.、檸檬汁1小匙、蜂蜜1小匙

✻ 做法 ✻

1. 青蘋果和紅蘋果刷洗乾淨，去蒂和核後切小塊；哈密瓜去掉外皮後切小塊。
2. 所有調味料放入小碗中調勻。
3. 將水果放入盤中，均勻淋上調好的醬料拌勻即成。

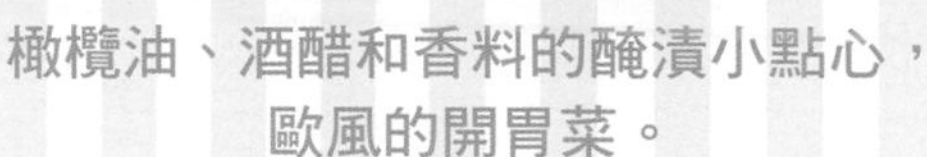

橄欖油、酒醋和香料的醃漬小點心，
歐風的開胃菜。

香漬蕃茄

✻ 材料 ✻

小型紅蕃茄10個、迷迭香1/4小匙

✻ 調味 ✻

橄欖油1大匙、白酒醋1/2大匙、檸檬汁2小匙

✻ 做法 ✻

1. 橄欖油事先和迷迭香拌勻浸泡3小時以上，再加入白酒醋、檸檬汁調勻。
2. 紅蕃茄去蒂後充分洗淨，擦乾水分後和調好的醬汁拌勻，放入冰箱中冷藏並不時翻動，冷藏至蕃茄變得冰涼即成。

搭配萬用調味醬，什麼蔬菜水果都能入菜。

醋拌時蔬

✻ 材料 ✻

西洋芹2支、紅甜椒1/4個、黃甜椒1/4個、黑橄欖3粒

✻ 調味 ✻

橄欖油1大匙、白酒醋2大匙、檸檬汁1大匙

✻ 做法 ✻

1. 西洋芹洗淨切細條；紅、黃甜椒洗淨，去蒂切細條；黑橄欖切圓片。
2. 所有調味料拌勻成醬汁。
3. 所有材料排入盤中，均勻淋上醬汁即成。

香橙醋拌墨魚

✻ 材料 ✻

墨魚100g.、香菜適量

✻ 調味 ✻

橄欖油1小匙、紅酒醋1小匙、柳橙汁1/2小匙、白胡椒少許

✻ 做法 ✻

1. 墨魚去膜後洗淨，切成小圈狀，放入滾水汆燙至熟，撈出浸泡冷開水，瀝乾水分。
2. 將墨魚加入調味料拌勻，放入冰箱中冷藏1小時，盛盤並放上香菜即成。

蔬果
★
30分鐘

可當主食、點心的烤馬鈴薯，
淋上肉醬起司口味更多變。

香烤馬鈴薯

＊ 材料 ＊

馬鈴薯2個、馬芝瑞拉起司絲80g.、起司粉適量

＊ 調味 ＊

肉醬1大匙（做法見p.8）

＊ 做法 ＊

1. 馬鈴薯洗淨，以錫箔紙包好，放入烤箱以250℃烤約20分鐘至熟透，然後取出。
2. 烤好的馬鈴薯稍微切開，先填入肉醬，再撒上馬芝瑞拉起司。
3. 放入烤箱，以200℃烘烤5～8分鐘至起司呈金黃色，取出趁熱撒上起司粉即成。

奶蛋
★
10分鐘

熱騰騰的下酒菜，
來杯啤酒更夠味。

酥炸起司條

＊ 材料 ＊

馬芝瑞拉起司300g.、雞蛋1個、麵粉適量、麵包粉適量

＊ 調味 ＊

鹽適量

＊ 做法 ＊

1. 雞蛋加鹽打勻成蛋汁；麵包粉放入塑膠袋中壓碎。
2. 馬芝瑞拉起司切成長條塊，先沾蛋汁，再依序沾裹上麵粉和麵包粉，稍微將包裹上的粉料壓實後，放入熱油鍋中，先以溫油炸至呈淺金黃色，再改大火炸至金黃色，撈起瀝乾油分即成。

肉類
★
10分鐘

捲入綜合蔬菜降低培根的油膩，
最健康的新吃法。

焗培根蔬菜卷

✻ 材料 ✻

培根6片、胡蘿蔔150g.、蘆筍6支、馬芝瑞拉起司80g.

✻ 調味 ✻

胡椒粉1/4小匙、鹽適量

✻ 做法 ✻

1. 胡蘿蔔去皮、蘆筍洗淨，都切成和培根相同長度的段，放入大盆中，加入調味料拌勻。
2. 培根分別攤開，每片包入適量的蘆筍和胡蘿蔔捲好，排入烤盤中，撒上馬芝瑞拉起司。
3. 放入烤箱以200℃烘烤15分鐘，至培根熟透即成。

蔬果
★
10分鐘

起司融化的香氣和美味，
在這道小菜都嘗得到。

奶油焗花椰菜

✻ 材料 ✻

綠花椰菜120g.、白花椰菜80g.、披薩起司100g.

✻ 調味 ✻

奶油1大匙、白醬4大匙（做法見p.7）、鮮奶油1大匙、鹽適量

✻ 做法 ✻

1. 兩種花椰菜均洗淨，切小朵。
2. 鍋中放入奶油燒融，加入兩種花椰菜以中火炒1分鐘，再加入白醬、鮮奶油和鹽拌勻，盛入深烤碗中，撒上披薩起司。
3. 放入烤箱以200℃烘烤8分鐘，至起司呈金黃色即成。

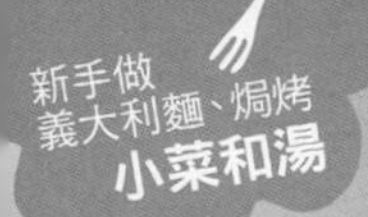

最經典

西式料理中的經典湯品，如黃金般閃耀著……

洋蔥湯

蔬果
★
15分鐘

＊材料＊

洋蔥2個、月桂葉1片、起司粉適量、麵包丁適量

＊調味＊

奶油5大匙、高湯4杯（做法見p.9）、鹽適量

＊做法＊

1. 洋蔥去皮後切細條。
2. 鍋中放入奶油燒融，放入洋蔥以小火炒至香軟，放入高湯和月桂葉以小火煮15分鐘。
3. 加入鹽調味後盛入碗中，最後撒上起司粉、麵包丁即成。

Point

炒洋蔥需用小火，炒至變成褐色且軟時即可，不需炒得太過焦黑。

新鮮蛤蜊肉煮成香滑濃湯，伴隨濃濃的奶香味，令人食指大動。

蛤蜊奶油濃湯

海鮮
★
15分鐘

＊材料＊

蛤蜊肉200g.、培根2片、洋蔥丁50g.

＊調味＊

奶油2大匙、麵粉2大匙、動物性鮮奶油1/2杯、鮮奶1 1/2杯、高湯2杯（做法見p.9）、黑胡椒適量、鹽適量

＊做法＊

1. 蛤蜊肉洗淨；培根切小片。
2. 鍋中放入奶油燒融，放入洋蔥、培根炒香，加入麵粉以小火拌炒30秒鐘，慢慢倒入鮮奶油攪勻。
3. 持續邊攪拌邊分次倒入鮮奶和高湯，煮開後加入蛤蜊肉煮熟，最後加入黑胡椒、鹽調味即成。

Point

西式濃湯是以炒過的麵粉糊來增加湯的濃稠，但加入其他液體材料混合時，剛開始加入時一定要不停的攪拌才不會結塊，如果初次嘗試怕失敗，可將其他液態材料先以另一個鍋子煮開，再慢慢倒入炒好的麵粉糊拌煮。

西餐濃湯的入門款，第一次做也不失敗！

玉米濃湯

＊ 材料 ＊

玉米粒1/2罐、玉米醬1/2罐、火腿150g.

＊ 調味 ＊

奶油3大匙、麵粉2大匙、動物性鮮奶油4大匙、高湯4杯（做法見p.9）、黑胡椒適量、鹽適量

＊ 做法 ＊

1. 火腿切小丁。
2. 鍋中放入奶油燒融，放入麵粉小火拌炒30秒鐘，接著慢慢倒入鮮奶油攪勻。
3. 持續邊攪拌邊分次倒入高湯，煮開後加入所有材料煮熟，最後加入黑胡椒、鹽調味即成。

蔬果
★
15分鐘

以當季蔬菜製作的濃湯，
美味又營養

蔬菜濃湯

＊ 材料 ＊

馬鈴薯1個、胡蘿蔔1/2個、洋蔥1/2個、蘆筍200g.

＊ 調味 ＊

奶油3大匙、麵粉2大匙、高湯3杯（做法見p.9）、動物性鮮奶油1/2杯、鹽適量

＊ 做法 ＊

1. 馬鈴薯、胡蘿蔔、洋蔥去皮，和蘆筍都切長條。
2. 鍋中放入奶油燒融，放入洋蔥炒香，加入麵粉以小火拌炒30秒鐘，慢慢倒入鮮奶油攪勻。
3. 持續邊攪拌邊分次倒入高湯，煮開後加入馬鈴薯、胡蘿蔔和蘆筍煮熟，最後加入鹽調味即成。

蔬果 ★ 15分鐘

喝了美味又營養的南瓜濃湯，
從此更期待每天的湯品了。

南瓜濃湯

✻ 材料 ✻

南瓜300g.

✻ 調味 ✻

奶油3大匙、麵粉2大匙、動物性鮮奶油4大匙、高湯4杯（做法見p.9）、鹽適量

✻ 做法 ✻

1. 南瓜去除外皮切塊，和高湯一起放入果汁機中攪打成無顆粒，濾除南瓜渣。
2. 鍋中放入奶油燒融，放入麵粉以小火拌炒30秒鐘，慢慢倒入鮮奶油攪勻。
3. 持續邊攪拌邊分次倒入南瓜高湯，煮開後以鹽調味即成。

新鮮食材的自然鮮美甜味，
是這道湯品人氣不墜的原因。

海鮮濃湯

✻ 材料 ✻

蝦仁100g.、蟹肉棒4條、蛤蜊肉80g.、墨魚50g.、青豆80g.、洋蔥丁30 g.

✻ 調味 ✻

奶油3大匙、高湯2杯（做法見p.9）、動物性鮮奶油1/2杯、鹽適量

✻ 做法 ✻

1. 墨魚去膜洗淨；所有海鮮材料和青豆都放入滾水稍微汆燙，撈出瀝乾水分。
2. 鍋中放入奶油燒融，放入洋蔥丁以小火炒香，依序倒入高湯和鮮奶油攪勻後煮開，加入所有材料煮熟，最後加入鹽調味即成。

來自俄羅斯的羅宋湯，不用去俄羅斯，
在家也能隨時享用得到。

肉類
★
20分鐘

羅宋湯

✻ 材料 ✻

牛肉300g.、洋蔥1個、胡蘿蔔1個、小型紅蕃茄120g.、蒜片2粒、月桂葉1片

✻ 調味 ✻

奶油3大匙、高湯4杯（做法見p.9）、蕃茄糊1大匙、鹽適量

✻ 做法 ✻

1. 牛肉洗淨；洋蔥和胡蘿蔔去皮；蕃茄去蒂；所有材料都切塊。
2. 鍋中放入奶油燒融，放入洋蔥和蒜片以小火炒香，再放入牛肉、胡蘿蔔和蕃茄以中小火翻炒1分鐘。
3. 加入高湯、月桂葉和蕃茄糊以中火煮開，再以小火煮至牛肉熟透，加入鹽調味即成。

蔬果
★
10分鐘

酸甜適中的蕃茄冷湯，
是夏天最值得推薦的人氣湯品。

蕃茄冷湯

✻ 材料 ✻

中型紅蕃茄1個、新鮮巴西里少許

✻ 調味 ✻

蕃茄汁1杯、高湯3杯（做法見p.9）、鹽適量

✻ 做法 ✻

1. 蕃茄洗淨，去蒂後切成三角塊。
2. 蕃茄汁和蔬菜高湯都倒入大碗中，加入鹽充分攪拌融化，再放入切好的蕃茄塊，撒上巴西里即成。

天然鮮甜味，
全部都在這一碗蔬菜湯中。

香料蔬菜湯

✻ 材料 ✻

高麗菜1/4個、綠花椰菜100g.、胡蘿蔔100g.、玉米筍100g.、洋蔥1/2個

✻ 調味 ✻

奶油3大匙、高湯4杯（做法見p.9）、鹽適量

✻ 做法 ✻

1. 高麗菜洗淨切小片；其餘材料都洗淨後切小塊。
2. 鍋中放入奶油燒融，放入洋蔥以小火炒香，再放入高湯、高麗菜、胡蘿蔔以中火煮開，加入綠花椰菜、玉米筍繼續煮至熟透，加入鹽調味即成。

熱騰騰香噴噴的清湯，
給渴望美食的胃注入一股暖流。

雞肉蔬菜清湯

✻ 材料 ✻

雞胸肉250g.、西洋芹200g.、中型紅蕃茄1個

✻ 調味 ✻

奶油1大匙、高湯4杯（做法見p.9）、鹽適量

✻ 做法 ✻

1. 雞胸肉、西洋芹洗淨；蕃茄洗淨去蒂；所有材料都切條。
2. 鍋中放入奶油燒融，放入雞胸肉以小火煎出香味，再放入高湯以中小火煮開，加入蕃茄、西洋芹繼續煮1分鐘，加入鹽調味即成。

後記／義式料理，任何時候都能在家品嘗

在台灣這個美食國度中，對異國料理的接受度相當高，其中，又以義式料理最受大家的歡迎，這可以從滿街都是義大利麵店、披薩店看出。每回到餐廳聚餐，也總發現朋友們似乎對各種口味的義大利麵、厚薄披薩，以及焗烤千層麵、焗烤海鮮飯這類料理特別情有獨鍾。

從我的烹飪經驗來看，這些看起來能引人食慾、吃起來讓人滿足的麵飯、披薩，不論在做法、食材獲得上，並非那麼困難且高不可攀。確切地說，義式料理有高難度的餐廳版，當然也有適合普羅大眾在家烹調的家庭版了，基於這個原因，我在5年前出版了一本《隨手做義大利麵．焗烤》的食譜，沒想到受到許多讀者的喜愛。目前這本書雖已經絕版，卻仍接到不少讀者的詢問，經過和出版社的討論，決定重新編排這本書，並且在其中加入了20道新菜色，因此，有了這本《新手做義大利麵、焗烤》的誕生。

為了讓讀者們輕鬆體驗義式料理，我將這本書的內容分成5個章節（Part），Part1是「新手不失敗簡單義大利麵」，大多是15分鐘以內，簡單步驟就能完成的料理，特別適合第一次學做義大利麵的人。Part2是「天熱清涼吃冷義大利麵」，主要以冷食義大利麵為主，讓讀者夏天也能大快朵頤。Part3是以「嗆辣重口味經典義大利麵」為主，教讀者靈活運用紅醬、白醬和青醬，烹調出多道經典料理。Part4則是「濃厚起司味焗烤麵和披薩」，都是易操作的焗烤料理和披薩，包準大人小孩都喜歡。Part5是以「飯前輕鬆吃小菜和湯」為主題，都是些簡單的前菜，以及經典的濃湯和清湯，讓你的義式料理更完整。

這本書是專為第一次嘗試義式料理的人設計的，只要利用現成、半成品，再學幾種基本醬汁的製作，任何時候只要想吃義式料理，無論朋友來聚餐或平日自家人用餐，都能自己烹調出一盤盤美味可口的義大利麵、披薩或濃湯、小菜，讓大家吃得盡興，這也是自己做菜最大的樂趣，一起來試試吧！

洪嘉妤

COOK50106

新手做義大利麵、焗烤

最簡單、百變的義式料理

國家圖書館出版品預行編目資料

新手做義大利麵、焗烤：
最簡單、百變的義式料理／
洪嘉妤 著.一初版一台北市：
朱雀文化，2010〔民99〕
面； 公分，--（Cook50；106）
ISBN 978-986-6780-67-7（平裝）
1.食譜 2.義大利
427.12 99004969

出版登記北市業字第1403號

作者■洪嘉妤
攝影■陳清標
美術設計■鄭雅惠
文字編輯■彭文怡、洪嘉妤
企劃統籌■李橘
發行人■莫少閒
出版者■朱雀文化事業有限公司
地址■台北市基隆路二段13-1號3樓
電話■(02)2345-3868
傳真■(02)2345-3828
劃撥帳號■19234566 朱雀文化事業有限公司
e-mail■redbook@ms26.hinet.net
網址■http://redbook.com.tw
總經銷■成陽出版股份有限公司
ISBN13碼■978-986-6780 67-7
初版二刷■2012.07
定價■280元
出版登記■北市業字第1403號

新手做
義大利麵
焗烤